① 整数と小数 …（1）

[10倍、100倍、1000倍すると、小数点は、けた、3けた移ります。]

❶ □ にあてはまる数をかきましょう。　📖教12ページ❸　　25点（1つ5）

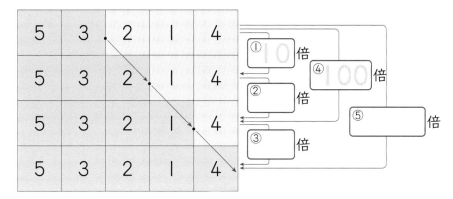

5	3	2	1	4
5	3	2	1	4
5	3	2	1	4
5	3	2	1	4

① 10 倍
② 倍
③ 倍
④ 100 倍
⑤ 倍

❷ 10倍、100倍、1000倍の数をかきましょう。　📖教12ページ❹　　45点（1つ5）

① 2.47　　　　　② 0.9　　　　　③ 0.079

10倍 (24.7)　　　10倍 (　　)　　　10倍 (　　)

100倍 (　　)　　　100倍 (　　)　　　100倍 (　　)

1000倍 (　　)　　　1000倍 (　　)　　　1000倍 (　　)

❸ 次の数は、8.12を何倍した数ですか。　📖教12ページ❺　　15点（1つ5）

① 812　　　　　② 8120　　　　　③ 81.2

(100倍)　　　　(　　)　　　(　　)

❹ 次の数をかきましょう。　📖教12ページ❻　　15点（1つ5）

① 0.64×10 ＝6.4　　　　　② 9.32×100

③ 0.06×1000

×100は100倍に
するのと同じです。

① 整数と小数　　……(2)

$\left[\dfrac{1}{10} 、\dfrac{1}{100} 、\dfrac{1}{1000} \right.$ にすると、小数点は左にそれぞれ 1 けた、2 けた、3 けた移ります。$\left.\right]$

❶ ◻ にあてはまる数をかきましょう。　📖教13ページ**7**　25点(1つ5)

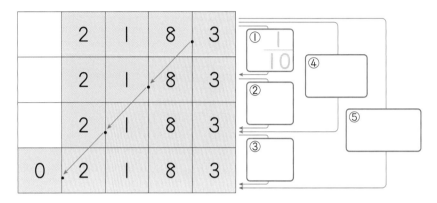

❷ $\dfrac{1}{10}$、$\dfrac{1}{100}$、$\dfrac{1}{1000}$ の数をかきましょう。　📖教13ページ**8**　45点(1つ5)

① 167.4　　　　② 30　　　　③ 87.9

$\dfrac{1}{10}$ (16.74)　　$\dfrac{1}{10}$ (　　　)　　$\dfrac{1}{10}$ (　　　)

$\dfrac{1}{100}$ (　　　)　　$\dfrac{1}{100}$ (　　　)　　$\dfrac{1}{100}$ (　　　)

$\dfrac{1}{1000}$ (　　　)　　$\dfrac{1}{1000}$ (　　　)　　$\dfrac{1}{1000}$ (　　　)

❸ 次の数は、32.7 の何分の 1 の数ですか。　📖教13ページ**9**　15点(1つ5)

① 3.27　　　　② 0.0327　　　　③ 0.327

$\left(\dfrac{1}{10} \right)$　　　　(　　　)　　　　(　　　)

❹ 次の数をかきましょう。　📖教13ページ**10**　15点(1つ5)

① 6.7÷10 $=0.67$　　　　② 7.8÷100

③ 42.5÷1000

÷1000 は
$\dfrac{1}{1000}$ にするのと
同じだね。

教科書 📖 13ページ

時間 **15**分　合格 **80**点　／100

月　　日

サクッと
こたえ
あわせ

答え **81**ページ

② 体 積
| 直方体・立方体の体積　……(|)

[立方体の体積＝|辺×|辺×|辺、直方体の体積＝たて×横×高さ]

❶ □ にあてはまる数やことばをかきましょう。　📖教17ページ❶　20点(□1つ10)

　|辺が|cm の立方体の体積を [　　　] とかき、

　[　　　　　　　　　　　　　] とよみます。

❷ □ にあてはまることばをかいて、体積の公式をつくりましょう。

📖教18〜19ページ❶　20点(全部できて1つ10)

① 立方体の体積＝ [　　] × [　　] × [　　]

② 直方体の体積＝ [　　] × [　　] × [　　]

❸ 次の立方体や直方体の体積を求めましょう。　📖教19ページ❷　40点(式5・答え5)

①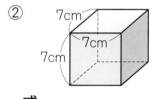

式

　　　　　答え (　　　　　　　)

②

式

　　　　　答え (　　　　　　　)

③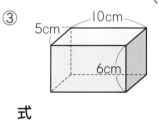

式

　　　　答え (　　　　　　　)

④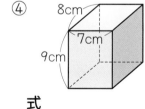

式

　　　　答え (　　　　　　　)

❹ 次の体積を求めましょう。　📖教19ページ❸　20点(式5・答え5)

① |辺 |0cm の立方体の体積

　式　　　　　　　　　　　　　　　答え (　　　　　　　)

② たて 2cm、横 8cm、高さ |0cm の直方体の体積

　式　　　　　　　　　　　　　　　答え (　　　　　　　)

 時間 **15**分 ｜ 合格 **80**点 ／100 ｜ 月　日

② 体　積
１　直方体・立方体の体積　……(2)

❶ 次の立方体や直方体の形をしたいれものの容積を求めましょう。

📖教20ページ**1**、21ページ**2**　20点(式5・答え5)

①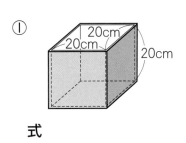
20cm　20cm　20cm

式

答え（　　　　　　）

② 10cm　40cm　20cm

式

答え（　　　　　　）

❷ 右のような図形の体積をくふうして求めましょう。

📖教22〜23ページ**1**　40点(式10・答え10)

8cm　4cm　5cm　8cm　10cm　3cm　14cm

① 次の図のような方法で求めましょう。

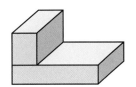

式

 2つの直方体に分ける方法だよ。

答え（　　　　　　）

② 次の図のような方法で求めましょう。

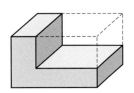

式

 大きな直方体から小さい直方体をひく方法だよ。

答え（　　　　　　）

❸ 次のような図形の体積をくふうして求めましょう。数字の単位はすべて cm です。

📖教23ページ**2**　40点(式20・答え20)

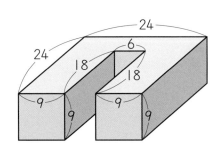
24　6　24　18　18　9　9　9

式

答え（　　　　　　）

教科書📖 **20〜23ページ**

時間 15分 | 合格 80点 /100

月　日

サクッと こたえ あわせ

答え 82ページ

② 体 積

2　大きな体積

[1辺が1mの立方体の体積は1m³(1立方メートル)]

❶ 次の立方体や直方体の体積を求めましょう。　📖教24ページ❶　40点(式10・答え10)

①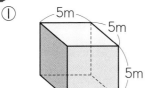

②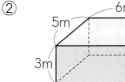

式

答え （　　　　　　）

式

答え （　　　　　　）

❷ □にあてはまる数をかいて、1m³は何cm³になるかを考えましょう。

📖教24ページ❸　20点(□1つ5)

1m×1m×1m＝100cm× □ cm× □ cm＝ □ cm³

1m³＝ □ cm³になります。

⚠ミスに注意!

❸ □にあてはまる数をかきましょう。　📖教24ページ❹　40点(1つ10)

① 4m³＝ □ cm³

② 0.6m³＝ □ cm³

③ 3600000 cm³＝ □ m³

小数点が左に 6けた移ります。

④ 300000cm³＝ □ m³

教科書 📖 24〜25ページ

② 体　積
3　体積の単位の関係

[体積の単位には、cm³、m³ や mL、dL、L、kL があります。1kL は 1000L です。]

❶ 次の表の（　）にあてはまる単位をかきましょう。　📖教26ページ❶　50点(1つ10)

1辺の長さ	1cm	–	10cm	1m
正方形の面積	1cm²	–	100cm²	1m²
立方体の体積	1cm³ 1(　　)	100cm³ 1(　　)	1000(　　) 1 (　　)	1m³ 1(　　)

❷ 次の□にあてはまる数をかきましょう。　📖教26ページ❶　20点(1つ5)

1辺の長さが10倍になると、面積は□倍、体積は□倍になります。

1kL は、1L の□倍、1dL は、1L の□になります。

❸ 次の□にあてはまる数をかきましょう。　📖教26ページ❶　30点(1つ5)

① 900000cm³＝□m³　　② 3kL＝□m³

③ 0.4L＝□mL　　④ 0.5m³＝□L

⑤ 760mL＝□dL　　⑥ 800cm³＝□L

教科書📖 26ページ

② 体 積

1 次のような図形の体積を求めましょう。　60点(式20・答え10)

①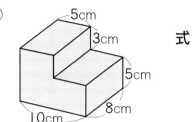

式

答え (　　　　　　)

②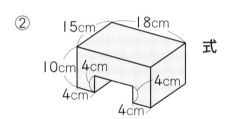

式

答え (　　　　　　)

2 右の図のいれものは、厚さ 1cm の板でできています。
このいれものの容積を求めます。次の ☐ にあてはまる
数やことばを書きましょう。　40点(☐1つ5)

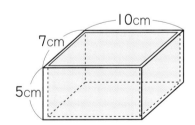

① いれものの内側の長さをはかると、たてと横は

☐ cm ずつ、深さは ☐ cm だけ外側の長さより

短いです。

だから ☐ は、たて 5cm、横 8cm、深さ ☐ cm になります。

② いれものの容積は、内のりのたて、横、深さをかけて、

☐ × ☐ × ☐ = ☐ cm³

③ 比 例

[一方が 2 倍、3 倍、…になると、もう一方も 2 倍、3 倍、…になる関係を比例といいます。]

1 直方体のたてを 4cm、横を 6cm ときめて、高さを 1cm、2cm、3cm、……と変えていきます。

📖教32ページ② 30点(①1つ5、②・③1つ5)

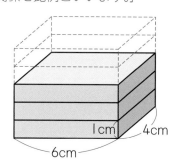

1cm 4cm 6cm

① 次の表の体積のらんにあてはまる数をかきましょう。

高さ(cm)	1	2	3	4	5
体積(cm³)	24				

② 高さが 3 倍になると、体積は何倍になりますか。

（　　　　　　）

③ 直方体の体積は、高さに比例しますか。

（　　　　　　）

2 1 本のねだんが 40 円のえんぴつがあります。　📖教33ページ③

70点(①1つ5、②・③1つ10、④式15、答え5)

① 次の表の代金のらんにあてはまる数をかきましょう。

本数(本)	1	2	3	4	5	6	7
代金(円)	40						

② えんぴつの本数が 2 倍になると、代金は何倍になりますか。

（　　　　　　）

③ えんぴつの本数が 4 倍になると、代金は何倍になりますか。

（　　　　　　）

④ えんぴつが 8 本のときの代金は、何円ですか。

式

答え（　　　　　　）

教科書 📖 **30〜33ページ**

サクッと
こたえ
あわせ

答え **82**ページ

④ 小数のかけ算
１ 整数×小数

[20×0.3 は、0.3 を 10倍すると積も 10倍になるから、その積を 10でわると答えが求められます。]

❶ １m のねだんが 60 円のリボンを、3.2m 買ったときの代金を求めます。次の ☐ にあてはまる数をかきましょう。 📖教35ページ**❶**、36〜37ページ**❷**　60点(☐1つ5)

① 代金を求める式をかきましょう。

式 60× `3.2`

② 60×3.2 の計算を 3 通りのしかたで考えましょう。

㋐ １m のねだんは 60 円だから、3m の代金は、60×☐ =180 です。

0.2m の代金は、0.1m の代金の 2 倍だから、(60÷10)×2=☐ です。

あわせて、180+☐ =☐ 　　　答え ☐ 円

㋑ 0.1m の代金は 60÷10 です。3.2m の代金は、その ☐ 倍だから、

60×3.2=(60÷10)×☐ =☐ 　　　答え ☐ 円

㋒ 32m の代金は 60×32 です。3.2m の代金は、その $\frac{1}{10}$ だから、

60×3.2=(60×32)÷10=☐ 　　　答え ☐ 円

❷ 次の計算をしましょう。 📖教36〜37ページ**❷**　30点(1つ5)

① 20×3.1 `=62`　　　② 30×4.2　　　③ 40×5.3

④ 50×2.2　　　⑤ 30×1.8　　　⑥ 70×1.3

❸ １m のねだんが 70 円のリボンを 1.2m 買いました。代金は何円ですか。

📖教37ページ**❸**　5点(式3・答え2)

式

答え (　　　　　)

❹ 次のかけ算の式で、積が 15 より小さくなるのはどれですか。 📖教39ページ**❷**

全部できて5点

㋐15×0.8　　㋑15×1　　㋒15×1.01　　㋓15×0.9　　㋔15×1.6

(　　　　　)

教科書 📖 **34〜39ページ**

④ **小数のかけ算**
2　小数×小数 ……(1)

1 次の計算をしましょう。　📖教40ページ③、④　　25点(1つ5)

① 0.6×0.3 ＝0.18　② 1.2×0.8　　③ 50×0.4

④ 1.6×0.06　　⑤ 0.7×0.02

2 1L の食用油の重さをはかったら、0.9kg ありました。
この油 0.7L の重さは何 kg ですか。　📖教40ページ⑤　15点(式10・答え5)

式

答え （　　　　　　　　）

[4.2×6.3 や、4.2×0.63 の筆算は、42×63 の筆算をもとにして計算しましょう。]

3 次の計算をしましょう。　📖教41ページ③、④　　60点(1つ10)

①
```
    1.9
×   3.5
    9 5
  5 7
  6.6 5
```

②
```
    2.9
×   3.6
```

③
```
    4.2
×   5.2
```

④
```
    0.9 6
×     1.8
```

⑤
```
    0.4 7
×     6.5
```

⑥
```
      3.6
×   0.6 7
```

④ **小数のかけ算**

2 小数×小数 ……(2)

[0 のあつかいに気をつけて答えましょう。]

1 次の計算をしましょう。　📖教42ページ⑥、⑧　　　100点(1つ10)

①
```
    3.6
×  0.7 5
─────────
    1 8 0
  2 5 2
  2.7 0 0
```

②
```
    0.18
×   0.26
─────────
    1 0 8
    3 6
  0.0 4 6 8
```

③
```
    4.8
×  0.8 5
```

④
```
    0.7 5
×     3.8
```

⑤
```
    0.31
×   0.24
```

⑥
```
    0.37
×   0.14
```

⑦
```
    0.03
×   0.19
```

⑧
```
    0.07
×   3.26
```

⑨
```
      18
×   3.14
```

⑩
```
    0.09
×   1.68
```

教科書 📖 42ページ

④ 小数のかけ算
3　小数のかけ算を使って　……(1)

[面積や体積は、辺の長さが小数であっても、公式を使って求めることができます。]

1 たて 4.7m、横 0.4m の長方形の面積を求めましょう。　📖教44ページ❶

40点(①式全部できて10・答え5、②□1つ5)

① [　]にあてはまる数をかきましょう。

面積の公式にあてはめると、

式 [　] × [　] = [　]　　　　答え [　] m²

② [　]にあてはまる数をかきましょう。

辺の長さの単位を cm とすると、長方形のたてと横の長さはそれぞれ

4.7m = [　] cm、0.4m = [　] cm

長方形の面積が何 cm² かを求めると、

470 × 40 = [　]

[　] cm² = 1m² だから、長方形の面積は、[　] m²

2 次の面積を求めましょう。　📖教44ページ❶、45ページ❷　　30点(式10・答え5)

① たて 13.6cm、横 2.5cm の長方形の紙の面積

式

答え（　　　　　　　　）

② 1辺 7.5m の正方形の花だんの面積

式

答え（　　　　　　　　）

3 次の体積を求めましょう。　📖教45ページ❸　　30点(式10・答え5)

① 1辺 3.5m の立方体の体積

式

答え（　　　　　　　　）

② たて 12.5cm、横 1.6cm、高さ 4cm の直方体の体積

式

答え（　　　　　　　　）

④ **小数のかけ算**

3　小数のかけ算を使って　……(2)

計算のきまりの式を使うと、計算がかんたんになることがあります。計算のきまりは、小数のときも成り立ちます。

> **計算のきまり**
> ■＋●＝●＋■、（■＋●）＋▲＝■＋（●＋▲）
> ■×●＝●×■、（■×●）×▲＝■×（●×▲）
> （■＋●）×▲＝■×▲＋●×▲、（■－●）×▲＝■×▲－●×▲

1 次の ☐ にあてはまる数をかきましょう。　📖教46ページ**1**、47ページ**2**

40点（全部できて1つ10）

①　$1.4+3.2+1.8=1.4+\left(\boxed{}+1.8\right)$

②　$2.9\times4\times2.5=2.9\times\left(\boxed{}\times2.5\right)$

③　$2.8\times3=\left(3-\boxed{}\right)\times3=9-\boxed{}$

④　$3.6\times1.5+6.4\times1.5=\left(3.6+\boxed{}\right)\times1.5=\boxed{}\times1.5$

⚠ミスに注意!
2 計算のきまりを使って、くふうして計算しましょう。　📖教47ページ**3**　60点（1つ10）

①　$5.7+6.9+4.3$

②　$3.8\times4\times5$

③　$7.4\times4.2+2.6\times4.2$

④　$6.7\times2.5-0.7\times2.5$

⑤　2.2×9

⑥　3.8×4

時間 15分　合格 80点　/100

月　日

サクッとこたえあわせ

答え 83ページ

④ 小数のかけ算

1 次の計算をしましょう。　30点(1つ5)

① 0.7×0.7　② 1.8×0.3　③ 4×0.6

④ 40×0.5　⑤ 1.4×0.08　⑥ 0.6×0.09

2 次の計算をしましょう。　30点(1つ5)

① 1.7×2.4　② 3.6×4.9　③ 7.5×4.5

④ 0.38×3.4　⑤ 0.52×5.3　⑥ 5.9×0.28

3 たて 4.2m、横 3.2m の長方形の花だんの面積は何 m^2 ですか。　20点(式10・答え10)

式

答え（　　　　　）

4 たて 12.5cm、横 6cm、高さ 2.8cm の直方体の体積は何 cm^3 ですか。

20点(式10・答え10)

式

答え（　　　　　）

教科書 34～49ページ

⑤ **小数のわり算**

Ｉ 整数÷小数

時間 **15**分 ｜ 合格 **80**点 ／**100**

月 日

サクッと
こたえ
あわせ

答え **83**ページ

❶ 2.8m で 84 円のエナメル線があります。このエナメル線 Ｉm 分の代金を求めます。次
の □ にあてはまる数をかきましょう。 📖教53ページ❶、54〜55ページ❷ 25点(□1つ5)

① 代金を求める式をかきましょう。

式 84÷ |2.8|

② 84÷2.8 の計算をわり算の性質(せいしつ)を使って考えましょう。

わられる数とわる数に 10 をかけても、商は変わらないから、

$$84÷2.8=(84×10)÷\left(2.8×\boxed{}\right)$$

$$=840÷\boxed{}$$

$$=\boxed{}$$ 答え $\boxed{}$ 円

［小数でわる計算は、わられる数とわる数の両方に同じ数をかけて、わる数を整数にして計算します。］

❷ □ にあてはまる数をかきましょう。 📖教54〜55ページ❷ 40点(全部できて1つ10)

① $9÷0.3=(9×10)÷\left(0.3×\boxed{10}\right)=90÷\boxed{3}=\boxed{}$

② $36÷0.4=\left(36×\boxed{}\right)÷\left(\boxed{}×10\right)=\boxed{}÷\boxed{}=\boxed{}$

③ $8÷1.6=\left(8×\boxed{}\right)÷\left(\boxed{}×10\right)=\boxed{}÷\boxed{}=\boxed{}$

④ $30÷1.5=\left(\boxed{}×10\right)÷\left(1.5×\boxed{}\right)=\boxed{}÷\boxed{}=\boxed{}$

❸ 0.4L のソースの重さをはかると 480g でした。このソース ＩL 分の重さは何 g
ですか。 📖教56ページ❹ 20点(式10・答え10)

式

答え （   ）

❹ 次のわり算の式で、商が 12 より大きくなるのはどれですか。 📖教57ページ❷

全部できて15点

あ12÷0.3   ⊙12÷1   ⑤12÷5   え12÷1.5   お12÷0.8

（   ）

合格 80点	/100

⑤ 小数のわり算

2　小数÷小数　　　　　　　……(1)

❶ 次の計算をしましょう。　📖教58ページ❸、❹　　　　30点(1つ5)

① 3.6÷0.6

② 0.2÷0.5

③ 0.78÷1.3

④ 0.42÷0.7

⑤ 2.4÷0.05

⑥ 0.04÷0.08

答えが小数になる
ものもあるね。

❷ 5.6m のテープを 0.4m ずつに分けます。テープは何本できますか。

📖教58ページ❺　10点(式5・答え5)

式

答え（　　　　　　　）

❸ 次の計算をしましょう。　📖教59ページ❸、❹　　　　60点(1つ10)

①
```
        2.6
1.8 ) 4.6.8
      3 6
      1 0 8
      1 0 8
          0
```

6.72÷1.6 の筆算

$$1.6) \overline{6.72} \Rightarrow 1.6) \overline{6.7.2} \Rightarrow 1.6) \overline{6.7.2}$$

10倍　　10倍

わる数を 10 倍する。
わられる数も 10 倍
する。

```
        4.2
1.6 ) 6.7.2
      6 4
        3 2
        3 2
          0
```

商の小数点はわられる数の移
した小数点にそろえてうつ。

②
```
3.2 ) 8.3 2
```

③
```
5.2 ) 17.6 8
```

④
```
0.04 ) 3.44
```

⑤
```
0.42 ) 10.5
```

⑥
```
0.55 ) 11
```

教科書 📖 **58〜59ページ**

時間 15分 | 合格 80点 /100 | 月 日

サクッと
こたえ
あわせ
答え **84**ページ

⑤ **小数のわり算**
2 小数÷小数 ……(2)

❶ 次のわり算をわり切れるまで計算しましょう。 📖教60ページ⑥、⑧ 60点(1つ10)

①
```
         0.42
  4.5)1.8.9
      1 8 0
         90
         90
          0
```
← 0を加えましょう。

②
```
  3.6)1.6 2
```

③
```
  3.6)2.7
```

④
```
  0.8)1
```

⑤
```
  3.45)8.28
```

⑥
```
  1.56)3.9
```

❷ 2.5L で2.1kg の油があります。この油 1L 分の重さは何kg ですか。
📖教60ページ⑨ 20点(式10・答え10)

式

答え (   )

❸ 面積が21.6cm² の長方形の紙があります。
たての長さは 4.5cm です。横の長さは何 cm ですか。
📖教60ページ⑧ 20点(式10・答え10)

式

答え (   )

教科書 📖 **60ページ**

きほんの
ドリル
18。

⑤　**小数のわり算**
2　小数÷小数　　　　　　……(3)

答え 84ページ

❶ 次のわり算の商を、四捨五入で、$\frac{1}{10}$ の位までの概数で表しましょう。

教61ページ⑫ 60点(1つ10)

①

$\frac{1}{100}$の位を四捨五入しよう。

②
$$0.7\overline{)5.3}$$

③
$$5.3\overline{)6.5\,2}$$

④
$$0.31\overline{)8}$$

⑤
$$4.8\overline{)3.1\,6}$$

⑥
$$0.62\overline{)4.06}$$

❷ ガソリン 3.5L で、44.5km 走る自動車があります。この自動車はガソリン 1L で何 km 走ることができますか。四捨五入で、$\frac{1}{10}$ の位までの概数で表しましょう。

教61ページ⑬ 40点(式20・答え20)

式

答え（　　　　　　　）

教科書 61ページ

時間 15分 合格 80点 ／100

月 日

サクッとこたえあわせ 答え 85ページ

⑤ 小数のわり算

2 小数÷小数 ……(4)

[余(あま)りの小数点の位置は、わられる数のもとの小数点と同じところです。]

ミスに注意!

1 商を一の位まで求め、余りをかきましょう。また、答えを確(たし)かめましょう。

教62ページ 2　80点(計算10・確かめ10)

① 3.5)19.4

　　5
　17 5
　 1.9

商 (　　) 余り (　　)

確かめ (　　)

② 2.4)83

商 (　　) 余り (　　)

確かめ (　　)

③ 3.2)8.04

商 (　　) 余り (　　)

確かめ (　　)

④ 0.5)3.74

商 (　　) 余り (　　)

確かめ (　　)

2 4L のしょう油を、0.3L はいるびんに分けていきます。
何本できて、何 L 余りますか。 教62ページ 3　20点(式10・答え10)

式

答え (　　)

教科書 62ページ

⑤ 小数のわり算
3 計算の間の関係

❶ 次の問題を、□を使った式に表し、答えを求めましょう。　📖教**64**ページ**❶**、**65**ページ**❷**

60点（式10・答え10）

① □kg のなしを 0.3kg のかごに入れて、全体の重さをはかったら、1.5kg ありました。なしの重さは何 kg ですか。

式

答え（　　　　　　　）

② □L のジュースがあります。ゆいさんが 0.4L 飲んだので、残りが 1.1L になりました。はじめにジュースは何 L ありましたか。

式

答え（　　　　　　　）

③ □m の赤のリボンがあります。青のリボンは 5.6m で、赤のリボンの 1.6 倍です。赤のリボンは、何 m ですか。

式

答え（　　　　　　　）

❷ 次の□を、計算で求めましょう。　📖教**65**ページ**❹**　　　40点（式5・答え5）

① □＋2.7＝8.6

式

② □−4.3＝1.8

式

答え（　　　　　）

答え（　　　　　）

③ □×0.9＝5.4

式

④ □÷1.4＝2.5

式

答え（　　　　　）

答え（　　　　　）

教科書 📖 **64〜65**ページ

⑤ 小数のわり算

1 次の計算をしましょう。　　　　　　　　　　　　　　　　20点(1つ5)

① 3÷0.6

② 4.5÷0.5

③ 1.6÷0.04

④ 0.01÷0.05

2 次の計算をしましょう。　　　　　　　　　　　　　　　　30点(1つ5)

① $2.6{\overline{\smash{\big)}\,8.3\,2}}$

② $3.2{\overline{\smash{\big)}\,1.7\,6}}$

③ $0.29{\overline{\smash{\big)}\,2.6\,1}}$

④ $0.85{\overline{\smash{\big)}\,6.8}}$

⑤ $0.63{\overline{\smash{\big)}\,3.8\,4\,3}}$

⑥ $2.4{\overline{\smash{\big)}\,9}}$

3 次の商を、四捨五入で、$\frac{1}{10}$ の位までの概数で表しましょう。　　15点(1つ5)

① $3.2{\overline{\smash{\big)}\,4.3\,5}}$

② $2.3{\overline{\smash{\big)}\,4.8\,6}}$

③ $0.33{\overline{\smash{\big)}\,7}}$

4 次のわり算の式で、商が 1.8 より小さくなるのはどれですか。　　全部できて15点

　あ　1.8÷1.2　　い　1.8÷0.25　　う　1.8÷2.5　　　（　　　　　　）

5 16.5kg のさとうを 1.7kg ずつふくろにつめていきます。何ふくろできて、
何kg 余りますか。　　　　　　　　　　　　　　20点(式10・答え10)

式　　　　　　　　　　　答え（　　　　　　　　　　　）

教科書 📖 52〜67ページ

⑥ 割合(1) ……(1)

❶ 赤、白、黒、青の4本のひもがあり、赤は1.8m、白は2.4m、黒は1.5mです。

📖教69ページ❶、70〜71ページ❸　60点(式15・答え5)

① 赤のひもは黒のひもの何倍になっていますか。

式

黒	□倍	赤
1.5m	→	1.8m

答え (　　　　　　)

② 赤のひもは白のひもの何倍になっていますか。

式

白	□倍	赤
2.4m	→	1.8m

答え (　　　　　　)

③ 青のひもは、赤のひもの0.6倍の長さです。
青のひもの長さは何mになりますか。

式

赤	0.6倍	青
1.8m	→	□m

答え (　　　　　　)

❷ 木のかげの長さをはかると、7.2mでした。これは、木の高さの0.6倍です。木の高さは何mですか。　📖教72ページ❹　　20点(式15・答え5)

式

木	0.6倍	かげ
□m	→	7.2m

答え (　　　　　　)

❸ 犬のシロの体重は20.8kgです。これはねこのタマの体重の3.2倍です。タマの体重は何kgですか。　📖教72ページ❹　　20点(式15・答え5)

式

タマ	3.2倍	シロ
□kg	→	20.8kg

答え (　　　　　　)

教科書📖 68〜72ページ

⑥ 割合(1) ……(2)

何倍になるかを考えて

サクッと
こたえ
あわせ
答え 86ページ

1 全体の面積が 800m² の公園があります。公園全体の面積の 0.6 倍が広場の面積で、広場の面積の 0.2 倍がすな場の面積です。すな場の面積は何 m² ですか。　□ にあてはまる数をかいて、求めましょう。　📖教74ページ**1**　　35点(□1つ5・答え10)

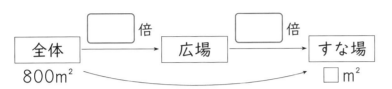

式　$800 \times \left(0.6 \times \boxed{}\right) = 800 \times \boxed{}$

$ = \boxed{}$

答え（　　　　　　）

2 赤、黄、青の 3 まいの折り紙があります。1 辺の長さをくらべると、青の 1 辺の長さの 1.5 倍が黄の 1 辺の長さ、黄の 1 辺の長さの 3.4 倍が赤の 1 辺の長さでした。

📖教75ページ**2**　65点(①□1つ5、②③式15・答え10)

① 図の □ にあてはまる色をかきましょう。

② 青の 1 辺の長さが 7cm だとすると、赤の 1 辺の長さは何 cm ですか。

式

答え（　　　　　　）

③ 赤の 1 辺の長さが 25.5cm だとすると、青の 1 辺の長さは何 cm ですか。

式

答え（　　　　　　）

⑦ **合同な図形**

| 合同な図形

[2つの図形がぴったり重なるとき、これらの図形は、合同であるといいます。]

❶ 右のあ、いの2つの三角形は合同です。

📖教78ページ❷　30点(1つ10)

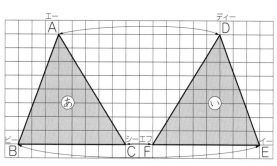

① 頂点Aに対応する頂点はどれですか。

（　　　　　）

② 辺ACに対応する辺はどれですか。

（　　　　　）

③ 角Bに対応する角はどれですか。

（　　　　　）

重なり合う頂点、辺、角を、それぞれ
対応する頂点、対応する辺、対応する角
といいます。

❷ 右の2つの四角形は合同です。　📖教79ページ❹　　　　20点(1つ10)

① 辺DCの長さは何cmですか。

（　　　　　）

② 角Gの大きさは何度ですか。

（　　　　　）

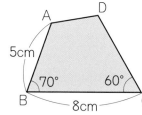

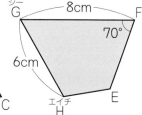

❸ 合同な三角形はどれとどれでしょうか。2組答えましょう。　📖教79ページ❺

全部できて25点

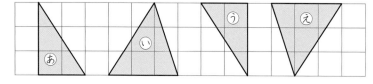

（　　　と　　　）

（　　　と　　　）

❹ 右の図は、正方形に2本の対角線をひいたものです。
三角形ABCと合同な三角形をすべてみつけましょう。

📖教80ページ❷　全部できて25点

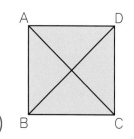

（　　　　　　　　　　　）

⑦ 合同な図形

2 合同な図形のかき方 ……(1)

答え 86ページ

❶ 右の三角形ABCをかく方法について、□にあてはまる
記号をかきましょう。 📖教81ページ❶

40点(①・②1つ10、③全部できて20)

はじめに、辺BCの長さをはかって、頂点Bと頂点Cを
きめます。

頂点Aのきめ方は、次の3通りあります。

① 辺ABと辺□の長さがわかれば、頂点Aがきまります。

② 辺ABの長さと角□の大きさがわかれば、頂点Aがきまります。

③ 角□と角□の大きさがわかれば、頂点Aがきまります。

❷ 下の三角形と合同な三角形をかきましょう。 📖教82〜83ページ❷

60点(1つ20)

①
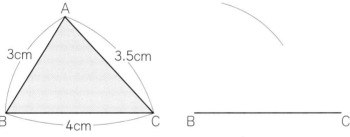

点Bを中心とした
半径3cmの円の
一部がかいてあるね。
次は、点Cを中心と
して、半径3.5cm
の円をかけばいいん
だね。

②
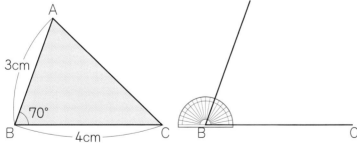

③
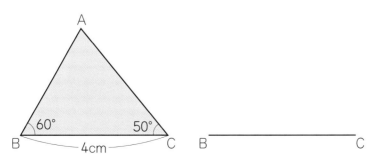

⑦ **合同な図形**

2 　合同な図形のかき方　　　……(2)

[2つの三角形に分けて、三角形のかき方をもとにしてかきましょう。]

1 下の四角形と合同な四角形をかきましょう。　　📖教84ページ❸　　50点(1つ25)

①
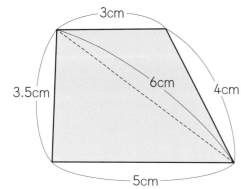

3cm / 3.5cm / 6cm / 4cm / 5cm

5cm

②
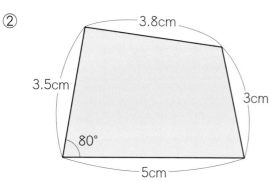

3.8cm / 3.5cm / 3cm / 80° / 5cm

5cm

2 下の図のような平行四辺形や台形をかきましょう。　　📖教84ページ❹　　50点(1つ25)

①
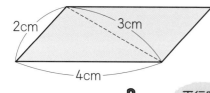

2cm / 3cm / 4cm

平行四辺形の
向かい合った辺の
長さは等しいね。

4cm

②

3cm / 65° / 75° / 4cm

平行な線は、2まいの
三角定規を利用して
かけるね。

4cm

教科書 📖 **84ページ**

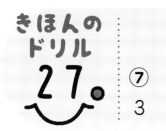

きほんの
ドリル
27。

⑦ <ruby>合同<rt>ごうどう</rt></ruby>な図形
3　三角形・四角形の角 ……(1)

時間 15分　合格 80点 ／100

月　日

サクッと
こたえ
あわせ

答え 86ページ

[三角形の3つの角の大きさの和は180°になります。]

1 下の図の⑧〜⑨の角の大きさは、それぞれ何度ですか。　📖教87ページ❷　40点(1つ10)

①
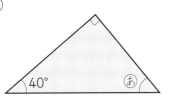

②
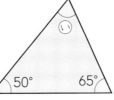

③
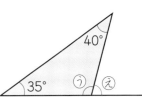

⑧ (　　　　　　)

⑥ (　　　　　　)

⑤ (　　105°　　)

⑨ (　　　　　　)

◇ の記号は、
90°を表すね。

2 下の図の⑧、⑥、⑤の角の大きさは、それぞれ何度ですか。　📖教87ページ❸、❹

30点(1つ10)

① 正三角形

⑧ (　　　　　　)

② 二等辺三角形
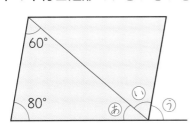

⑥ (　　　　　　)

⑤ (　　　　　　)

3 下の平行四辺形で、⑧、⑥、⑤の角の大きさは、それぞれ何度ですか。

📖教87ページ❺　30点(1つ10)

合同な三角形を
さがしてみよう。

⑧ (　　40°　　)

⑥ (　　　　　　)

⑤ (　　　　　　)

教科書 📖 85〜87ページ

時間 15分　｜　合格 80点　｜　/100　｜　月　日

サクッと
こたえ
あわせ

答え 87ページ

⑦ **合同な図形**
3　三角形・四角形の角　……(2)

[三角形に分けて、その三角形の数で、角の大きさの和がわかります。]

❶ 四角形の 4 つの角の和を、次の 2 通りの方法で求めました。□にあてはまる数をかきましょう。📖教88〜89ページ❶
40点（全部できて1つ20）

① 対角線 AC をひいて、2 つの三角形に分けると、

$180° × \boxed{} = \boxed{}°$　　答え $\boxed{}°$

② 四角形 ABCD の中に点 E をとって、4 つの三角形に分けて、点 E のまわりの一回転の角の大きさをひくと、

$\boxed{}° × 4 − 360° = \boxed{}°$　　答え $\boxed{}°$

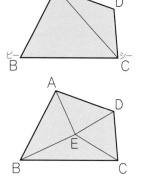

❷ 下の図のあ、い、うの角の大きさは、それぞれ何度ですか。📖教89ページ❷
30点（1つ10）

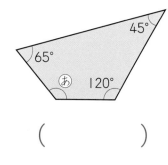

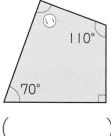

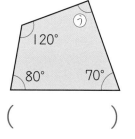

（　　　　　）　（　　　　　）　（　　　　　）

❸ 次の問いに答えましょう。📖教90〜91ページ❶
30点（1つ5）

① 右の⑦、⑦の図に、頂点 A から対角線をひきなさい。

② それぞれいくつの三角形に分けられますか。

⑦（　　　　　）　⑦（　　　　　）

③ それぞれの角の大きさの和は何度ですか。

⑦（　　　　　）　⑦（　　　　　）

きほんの
ドリル
29。 活用

もう1回！　もう1回！

時間 15分　合格 80点 ／100

月　　日

サクッと
こたえ
あわせ

答え 87ページ

[表にかいて考えると、きまりをみつけやすくなります。]

❶ 1辺の長さが1cmの正方形を下の図のようにならべていきます。　📖教95ページ❸

50点（①空らん1つ5、②・③1つ10）

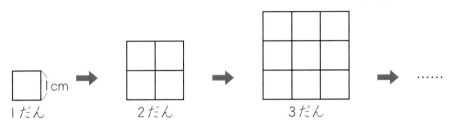

1cm

1だん　　　　2だん　　　　　　3だん　　　……

① 下の表を完成させましょう。

だんの数（だん）	1	2	3	4	5	6	7	
まわりの長さ（cm）	4							

② だんの数が10のとき、まわりの長さは何cmですか。

（　　　　　）

③ まわりの長さが84cmのとき、だんの数は何だんですか。

（　　　　　）

❷ ストローを、下の図のように、正三角形の形にならべていきます。

📖教95ページ❹　50点（①空らん1つ5、②式10・答え10）

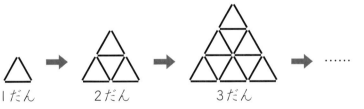

1だん　　2だん　　　3だん　　……

だんが1だん増えると、
ストローの数は何本
増えているかな。

① 下の表を完成させましょう。

だんの数（だん）	1	2	3	4	5	6
ストローの数（本）						

② だんの数が7だんのとき、ストローの数は何本ですか。

式

答え（　　　　　）

教科書 📖 94〜95ページ

時間 **15**分 | 合格 **80点** | /**100**

サクッと
こたえ
あわせ
答え **87** ページ

1 5.648 について答えましょう。　　　　　　　　　　　30点(1つ10)

① $\dfrac{1}{10}$ の位の数字をかきましょう。

（　　　　　　　）

② 1000 倍の数をかきましょう。

（　　　　　　　）

③ $\dfrac{1}{100}$ の数をかきましょう。

（　　　　　　　）

2 32.12 について答えましょう。　　　　　　　　　　　30点(1つ15)

① 0.3212 を何倍した数ですか。

（　　　　　　　）

② 3212 の何分の 1 の数ですか。

（　　　　　　　）

3 次のような立体の体積をくふうして求めましょう。数字の単位はすべて cm です。

40点(式10・答え10)

①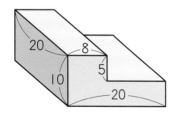

② 15, 5, 30, 30, 40, 5, 5, 5, 5

式

式

答え （　　　　　　　）

答え （　　　　　　　）

小数のかけ算

1 次の計算をしましょう。　　　　　　　　　　　30点(1つ5)

①
```
    2.4
×  1.6
```

②
```
    3.8
×  4.7
```

③
```
    6.3
×  2.8
```

④
```
     3.8
×  0.4 6
```

⑤
```
     0.8 5
×     7.2
```

⑥
```
     0.0 8
×   3.1 4
```

2 □ にあてはまる数をかきましょう。　　20点(①10、②全部できて10)

① $24 \times 0.6 \times 5 = \boxed{} \times (0.6 \times 5)$

② $(4.1 - 1.9) \times 4 = 4.1 \times \boxed{} - \boxed{} \times 4$

3 計算のきまりを使って、次の計算をしましょう。　　　40点(1つ10)

① $4.7 + 3.2 + 0.8$

② $5.2 \times 1.2 \times 5$

③ 99×1.6

④ 64×1.1

4 1mの重さが0.8kgのはり金があります。このはり金0.7mの重さは何kgですか。

10点(式5・答え5)

式

答え（　　　　　　　　　　）

小数のわり算／合同な図形

⚠️ミスに注意!

1 次の計算をしましょう。　　　　　　　　　　　　30点（1つ5）

① $2.5\overline{)3.2\ 5}$

② $3.4\overline{)5.4\ 4}$

③ $2.8\overline{)3.6\ 4}$

④ $3.4\overline{)1.5\ 3}$

⑤ $1.65\overline{)5.2\ 8}$

⑥ $3.18\overline{)11.13}$

2 商を一の位まで求め、余りをかきましょう。　　　　20点（1つ10）

① $24÷4.2$

② $6.71÷3.8$

商 （　　　） 余り （　　　　） 　商 （　　　） 余り （　　　　）

3 下の図形と合同な図形をかきましょう。　　　　　　30点（1つ15）

①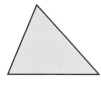

②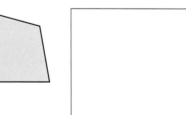

4 下の図の あ、い の角の大きさは、それぞれ何度ですか。　20点（1つ10）

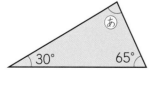

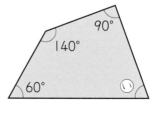

あ （　　　　　）　　　　　　　　　　　い （　　　　　）

⏱時間 15分 | 合格 80点 | /100

月　日

サクッと
こたえ
あわせ

答え 88ページ

⑧ 整 数
1 偶数・奇数／2 倍数と公倍数……(1)

[2でわり切れる整数が偶数、2でわり切れない整数が奇数です。]

1 次の整数で、偶数には〇、奇数には△を、（　）の中にかきましょう。

📖教103ページ❶　30点(1つ6)

① 3　　　② 14　　　③ 25　　　④ 101　　　⑤ 318

（　△　）　（　　　）　（　　　）　（　　　）　（　　　）

> 一の位が0、2、4、6、8のときは偶数、
> 1、3、5、7、9のときは奇数だよ。

2 4の倍数を小さい順に4個かきましょう。　📖教104ページ❶　20点(1つ5)

（　4　）（　8　）（　　　）（　　　）

⚠ミスに注意！

3 下の数直線で、2の倍数、3の倍数、5の倍数にあたる数を、それぞれ〇で囲みましょう。　📖教104ページ❷　15点(全部できて1つ5)

2の倍数
0 1 2 3 4 5 6 7 8 9 10 11 12 13 14 15 16 17 18 19 20

3の倍数
0 1 2 3 4 5 6 7 8 9 10 11 12 13 14 15 16 17 18 19 20

5の倍数
0 1 2 3 4 5 6 7 8 9 10 11 12 13 14 15 16 17 18 19 20

4 ❸の数直線を使って、2と3の公倍数を小さい順に3個選び、2と3の最小公倍数もかきましょう。　📖教105ページ❹　20点(1つ5)

> 2と3の公倍数は、2の倍数にも、
> 3の倍数にもなっている数だね。
> 最小公倍数は、公倍数の中で
> いちばん小さい数だよ。

2と3の公倍数

（　　　）（　　　）（　　　）

2と3の最小公倍数　（　　　）

5 ❸の数直線を使って、2と5の公倍数を小さい順に2個選び、2と5の最小公倍数もかきましょう。　📖教105ページ❹　15点(1つ5)

2と5の公倍数　（　　　）（　　　）

2と5の最小公倍数　（　　　）

⑧ 整 数
2 倍数と公倍数 ……(2)

1 公倍数をみつけましょう。 教106ページ **1**、**3** 30点(1つ5)

① 3と4の公倍数を小さい順に3個かきましょう。

4の倍数の中から3の倍数をみつけてみよう。

( )( )( )

② 4と6と8の公倍数を小さい順に3個かきましょう。

それぞれの数の倍数をかいてみつけよう。

( )( )( )

2 次の数の公倍数を小さい順に3個かきましょう。また、最小公倍数もかきましょう。

教106ページ **2**、**4** 40点(1つ5、公倍数は全部できて1つ5)

① (4、10)

公倍数 (、 、)

最小公倍数 ( )

② (12、18)

公倍数 (、 、)

最小公倍数 ( )

③ (3、5、10)

公倍数 (、 、)

最小公倍数 ( )

④ (6、18、27)

公倍数 (、 、)

最小公倍数 ( )

3 長さ6cmと4cmの2種類のぼうがあります。それぞれ、右の図のようにならべていくと、はじめてつぎ目が同じところにできるのは、左はしから何cmのところですか。 教107ページ **1** 15点

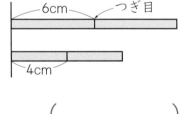

( )

4 ある駅から、電車は6分ごとに、バスは10分ごとに発車します。午前7時に両方が同時に発車しました。次に同時に発車するのは、何時何分ですか。

教107ページ **2** 15点

( )

教科書 106〜107ページ

⑧　整　数
3　約数と公約数　……（1）

答え 88ページ

[最大公約数とは、公約数の中でいちばん大きい数です。]

❶ 9 の約数をすべてかきましょう。　教108ページ■　全部できて10点

1ともとの整数も
約数に入れるよ。

（　　　、　　　、　　　）

❷ 24 の約数に○をつけましょう。　教108ページ❷　全部できて10点

24 の約数	1 2 3 4 5 6 7 8 9 10 11 12 13 14 15 16 17 18 19 20 21 22 23 24

❸ 次の数の約数をすべてかきましょう。　教108ページ❷　30点（全部できて1つ10）

⑦　18　　　④　17　　　⑦　21

⑦の約数　（　　　　　　　　　　　）

④の約数　（　　　　　　　　　　　）

⑦の約数　（　　　　　　　　　　　）

❹ 下の表で、20 の約数と 16 の約数にそれぞれ○をつけて、20 と 16 の公約数も
すべてかきましょう。　教109ページ❸　30点（全部できて1つ10）

20 の約数	1 2 3 4 5 6 7 8 9 10 11 12 13 14 15 16 17 18 19 20
16 の約数	1 2 3 4 5 6 7 8 9 10 11 12 13 14 15 16

公約数というのは、
どちらの数もわり切ることが
できる数をいうんだ。

20 と 16 の公約数　（　　　、　　　、　　　）

❺ 下の表を使って、12 と 15 の最大公約数をかきましょう。

教109ページ❹　20点

12 の約数	1 2 3 4 5 6 7 8 9 10 11 12
15 の約数	1 2 3 4 5 6 7 8 9 10 11 12 13 14 15

12 と 15 の最大公約数　（　　　）

時間 **15**分 ／ 合格 **80**点 ／ **100** ／ 月 日

サクッと
こたえ
あわせ

答え **88**ページ

⑧ 整 数
3 約数と公約数 ……(2)

❶ 16と24の約数と、16と24の公約数をすべてかきましょう。また、最大公約数をかきましょう。 📖教110ページ❶ 　40点(全部できて1つ10)

16の約数 （ |　、　　、　　、　　、|6 ）

24の約数 （ 　、　　、　　、　　、　　、　　、24 ）

16と24の公約数 （ |　、　　、　　、　 ）

16と24の最大公約数 （ 　　 ）

❷ 次の2つの数の公約数をすべてかきましょう。また、最大公約数をかきましょう。
📖教110ページ❸ 　30点(1つ5、公約数は全部できて1つ5)

① （6、8）
公約数
（ 　　　　 ）

② （9、12）
公約数
（ 　　　　 ）

③ （6、11）
公約数
（ 　　　　 ）

最大公約数
（ 　　　　 ）

最大公約数
（ 　　　　 ）

最大公約数
（ 　　　　 ）

❸ 12、20、28の公約数をすべてかきましょう。 📖教110ページ❹ 　全部できて10点

（ 　　　　 ）

❹ たて12cm、横16cmの方眼紙があります。|目もりは|cmです。目もりの線にそって切り、紙の余りが出ないように、できるだけ大きな、同じ大きさの正方形に分けるには、|辺の長さを何cmにすればよいですか。 📖教111ページ❶ 　10点

（ 　　　　 ）

❺ 35さつのノートと、49本のえん筆を、それぞれ同じ数ずつ何人かの子どもに分けます。どちらも余りが出ないように、できるだけ多くの子どもに分けるとすると、何人に分けることができますか。 📖教111ページ❷ 　10点

分けるときは、約数を
考えればいいですね。

（ 　　　　 ）

教科書 📖 **110〜111**ページ

時間 15分　合格 80点　／100　月　日

サクッと
こたえ
あわせ

答え 88ページ

⑨ 分　数
I　等しい分数　……（I）

1 等しい分数をつくりましょう。□にあてはまる分数をかきましょう。

📖教115〜116ページ**1**　40点（□1つ10）

　　　　　　1×2　1×3　1×4

① $\dfrac{1}{2} = \dfrac{2}{4} = \dfrac{\boxed{}}{\boxed{}} = \dfrac{\boxed{}}{\boxed{}}$

　　　　　　2×2　2×3　2×4

　　　　　　　　　　　6÷2　6÷3　6÷6

② $\dfrac{6}{12} = \dfrac{3}{6} = \dfrac{\boxed{}}{\boxed{}} = \dfrac{\boxed{}}{\boxed{}}$

　　　　　　　　　　　12÷2　12÷3　12÷6

分母と分子に同じ数をかけても、
分数の大きさは変わらないよ。

分母と分子を同じ数でわっても、
分数の大きさは変わらないんだね。

2 □にあてはまる数をかきましょう。　📖教116ページ**2**　30点（□1つ5）

① $\dfrac{2}{3} = \dfrac{\boxed{}}{9}$　　② $\dfrac{9}{21} = \dfrac{3}{\boxed{}}$　　③ $\dfrac{\boxed{}}{4} = \dfrac{9}{12}$　　④ $\dfrac{\boxed{}}{8} = \dfrac{3}{4}$

⑤ $\dfrac{4}{7} = \dfrac{12}{\boxed{}} = \dfrac{\boxed{}}{42}$

⑤は $\dfrac{4}{7} = \dfrac{\boxed{}}{42}$ と
考えればいいです。

3 次の分数に等しい分数を、（　）の中から2つずつ選んでかきましょう。

📖教116ページ**3**　30点（□1つ5）

① $\dfrac{16}{20}$ $\left(\dfrac{8}{15}、 \dfrac{8}{10}、 \dfrac{4}{10}、 \dfrac{4}{5} \right)$　　　$\boxed{}$ $\boxed{}$

② $\dfrac{25}{100}$ $\left(\dfrac{5}{20}、 \dfrac{15}{20}、 \dfrac{1}{4}、 \dfrac{1}{5} \right)$　　　$\boxed{}$ $\boxed{}$

③ $\dfrac{22}{66}$ $\left(\dfrac{10}{60}、 \dfrac{22}{60}、 \dfrac{11}{33}、 \dfrac{1}{3} \right)$　　　$\boxed{}$ $\boxed{}$

教科書 📖 114〜116ページ

① 分　数

1　等しい分数　　　　　　　　　　……(2)

[分数の分母と分子を、それらの公約数でわって、約分します。]

1 □にあてはまる数をかきましょう。 📖教117ページ**1**　　30点(□1つ5)

① $\dfrac{5}{10} = \dfrac{5 \div \square}{10 \div \square} = \dfrac{1}{2}$

② $\dfrac{8}{10} = \dfrac{8 \div \square}{10 \div \square} = \dfrac{\square}{\square}$

「公約数」は、どちらの数も
わり切ることのできる数
だったね。

2 □にあてはまる数をかきましょう。 📖教117ページ**2**　　20点(□1つ5)

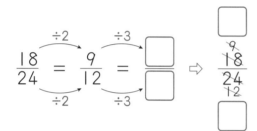

分母と分子を両方ともわり
切ることのできる数がなく
なるまで約分しよう。

3 次の分数を約分しましょう。 📖教117ページ**3**　　50点(1つ5)

① $\dfrac{3}{6}$　　② $\dfrac{4}{10}$　　③ $\dfrac{14}{16}$　　④ $\dfrac{3}{27}$

⑤ $\dfrac{50}{60}$　　⑥ $\dfrac{25}{100}$　　⑦ $\dfrac{26}{48}$　　⑧ $\dfrac{24}{32}$

⑨ $\dfrac{11}{33}$　　⑩ $\dfrac{66}{99}$

教科書 📖 117ページ

きほんの ドリル 39。

⑨ **分　数**

Ｉ　等しい分数　　　……(3)

時間 **15**分 ｜ 合格 **80点** ／**100**

月　　日

サクッと こたえ あわせ

答え **89**ページ

[分母がちがう分数を、分母が同じ分数になおすことを「通分する」といいます。]

❶ 次の分数を通分して、大きさをくらべましょう。□ にあてはまる数をかきましょう。

📖教**118**ページ**❶**　40点(□1つ5)

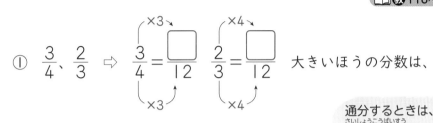

① $\dfrac{3}{4}$、$\dfrac{2}{3}$ ⇒ $\dfrac{3}{4}=\dfrac{\boxed{}}{12}$　$\dfrac{2}{3}=\dfrac{\boxed{}}{12}$　大きいほうの分数は、$\dfrac{\boxed{}}{}$

通分するときは、ふつう分母の最小公倍数を分母にするよ。

② $\dfrac{5}{6}$、$\dfrac{2}{9}$ ⇒ $\dfrac{5}{6}=\dfrac{\boxed{}}{\boxed{}}$　$\dfrac{2}{9}=\dfrac{\boxed{}}{\boxed{}}$　大きいほうの分数は、$\dfrac{\boxed{}}{}$

❷ 次の分数を通分して大きさをくらべ、等号や不等号を使って式にかきましょう。

 📖教**118**ページ**❷**、**119**ページ**❺**　40点(全部できて1つ10)

① $\dfrac{1}{8}$、$\dfrac{1}{4}$

通分 (　　　、　　　)

式　(　　　　　)

② $\dfrac{1}{5}$、$\dfrac{3}{4}$

通分 (　　　、　　　)

式　(　　　　　)

③ $\dfrac{2}{3}$、$\dfrac{4}{9}$

通分 (　　　、　　　)

式　(　　　　　)

④ $\dfrac{1}{12}$、$\dfrac{5}{8}$

通分 (　　　、　　　)

式　(　　　　　)

❸ 次の分数を通分しましょう。　📖教**119**ページ**❻**　20点(全部できて1つ10)

① $\dfrac{2}{5}$、$\dfrac{1}{2}$、$\dfrac{3}{4}$

② $\dfrac{5}{18}$、$\dfrac{2}{9}$、$\dfrac{1}{12}$

5、2、4の最小公倍数を分母にするといいんだね。

(　　、　　、　　)

(　　、　　、　　)

教科書 📖 **118～119**ページ

きほんの
ドリル
40。

時間 15分 ｜ 合格 80点 ／100 ｜ 月　日

サクッと
こたえ
あわせ
答え 89ページ

⑨ **分　数**

2　分数のたし算・ひき算 ……(1)

[分母がちがう分数のたし算・ひき算は、通分してから計算します。]

1 ☐ にあてはまる数をかきましょう。　120ページ**1**、121ページ**3**　　50点(☐1つ5)

① $\dfrac{2}{3} + \dfrac{3}{4} = \dfrac{8}{12} + \dfrac{9}{\boxed{}} = \boxed{}$

② $\dfrac{1}{6} + \dfrac{3}{10} = \dfrac{5}{30} + \boxed{} = \dfrac{\boxed{}\,14}{\underset{15}{30}} = \boxed{}$

約分できるときは、
約分しましょう。

③ $\dfrac{3}{4} - \dfrac{2}{3} = \dfrac{9}{12} - \dfrac{8}{\boxed{}} = \boxed{}$

④ $\dfrac{1}{2} - \dfrac{1}{6} = \dfrac{\boxed{}}{\boxed{}} - \dfrac{1}{6} = \dfrac{\overset{1}{2}}{\underset{\boxed{}}{6}} = \boxed{}$

⚠️**ミスに注意！**

2 次の計算をしましょう。　120ページ**2**、121ページ**4**　　40点(1つ5)

① $\dfrac{1}{3} + \dfrac{1}{4}$　　② $\dfrac{2}{3} + \dfrac{1}{8}$　　③ $\dfrac{1}{6} + \dfrac{1}{2}$

④ $\dfrac{7}{9} + \dfrac{7}{12}$　　⑤ $\dfrac{5}{6} - \dfrac{2}{7}$　　⑥ $\dfrac{2}{3} - \dfrac{1}{6}$

⑦ $\dfrac{7}{8} - \dfrac{1}{6}$　　⑧ $\dfrac{9}{7} - \dfrac{13}{21}$

[3つの分数のたし算やひき算も、通分してから分子をたしたり、ひいたりします。]

3 $\dfrac{4}{5} - \dfrac{8}{15} + \dfrac{1}{9}$ の計算のしかたを考えましょう。　121ページ**5**　10点(全部できて1つ5)

① まみさんの考え

$\dfrac{4}{5} - \dfrac{8}{15} + \dfrac{1}{9} = \dfrac{\boxed{12}}{15} - \dfrac{8}{15} + \dfrac{1}{9}$

$= \dfrac{\boxed{4}}{15} + \dfrac{1}{9} = \dfrac{\boxed{12}}{45} + \dfrac{5}{45} = \dfrac{17}{45}$

② かずやさんの考え

$\dfrac{4}{5} - \dfrac{8}{15} + \dfrac{1}{9}$

$= \dfrac{\boxed{}}{45} - \dfrac{\boxed{}}{45} + \dfrac{5}{45} = \dfrac{17}{45}$

教科書 📖 **120～121ページ**

きほんの
ドリル
41.

時間 15分　合格 80点　／100　月　日

サクッと
こたえ
あわせ
答え 89ページ

⑨ 分数
2　分数のたし算・ひき算……(2)／3　分数とわり算

❶ □ にあてはまる数をかきましょう。　📖教122ページ**7**　30点(全部できて1つ15)

① $3\frac{1}{6}+1\frac{1}{2}$ を仮分数になおして計算しましょう。

$$3\frac{1}{6}+1\frac{1}{2}=\frac{19}{6}+\frac{\boxed{}}{2}=\frac{\boxed{}}{}+\frac{\boxed{}}{6}=\frac{\boxed{}}{6}=\frac{\boxed{}}{}$$

② $3\frac{1}{6}-1\frac{1}{2}$ を、$3\frac{1}{6}=3+\frac{1}{6}$、$1\frac{1}{2}=1+\frac{1}{2}$ であることを使って計算してみましょう。

$$3\frac{1}{6}-1\frac{1}{2}=\left(\boxed{3}-\boxed{}\right)+\left(\frac{1}{6}-\frac{1}{2}\right)=\boxed{}+\frac{1}{6}-\frac{\boxed{}}{6}$$

$2-\frac{3}{6}$ が $1\frac{3}{6}$ になるよ。

$$=1\frac{\boxed{}}{}+\frac{1}{6}=1\frac{\boxed{}}{}=1\frac{\boxed{}}{}$$

⚠️ミスに注意!

❷ 次の計算をしましょう。　📖教122ページ**8**　30点(1つ5)

① $1\frac{1}{3}+2\frac{10}{11}$

② $3\frac{11}{18}+2\frac{5}{6}$

③ $1\frac{1}{8}+4\frac{5}{12}$

④ $3\frac{3}{10}-\frac{1}{15}$

⑤ $3\frac{8}{15}-1\frac{5}{6}$

⑥ $5\frac{5}{12}-1\frac{17}{36}$

[わり算の商は、わられる数を分子、わる数を分母とする分数で表せます。]

❸ □ にあてはまる数をかきましょう。　📖教124～125ページ**1**　10点(1つ5)

① $\dfrac{9}{7}=\boxed{9}\div 7$

② $\dfrac{3}{5}=\boxed{}\div 5$

❹ 次の商を分数で表しましょう。　📖教125ページ**2**　30点(1つ6)

① $1\div 3=\dfrac{1}{3}$

② $2\div 3$

③ $3\div 7$

④ $7\div 4$

⑤ $13\div 6$

$\triangle\div\square=\dfrac{\triangle}{\square}$

教科書 📖 122～125ページ

きほんの
ドリル
42。

時間 15分 ｜ 合格 80点 ｜ /100 ｜ 月　日

サクッと
こたえ
あわせ
答え 89ページ

⑨ 分　数

4　分数と小数・整数の関係

$\left[\dfrac{1}{5} = 1 \div 5 = 0.2 \text{ です。} \quad 0.3 = \dfrac{3}{10} \text{ です。}\right]$

❶ 次の分数を小数で表しましょう。　📖教126ページ▲　　　　　20点(1つ5)

①　$\dfrac{4}{5} = 4 \div 5$　　②　$\dfrac{1}{8}$　　　　③　$\dfrac{3}{20}$　　　　④　$\dfrac{7}{2}$

　　　$= 0.8$

❷ 次の分数を、四捨五入して $\dfrac{1}{100}$ の位までの小数で表しましょう。　📖教126ページ▲

20点(1つ5)

①　$\dfrac{4}{9} = 4 \div 9$　　②　$\dfrac{11}{12}$　　　　③　$\dfrac{5}{9}$　　　　④　$\dfrac{13}{11}$

　　　$= 0.444\cdots$

（　　　　） （　　　　） （　　　　） （　　　　）

❸ 次の小数を分数で表しましょう。　📖教127ページ5⑦　　　　20点(1つ5)

①　$0.1 = \dfrac{1}{10}$　　　　　　　　②　0.7

③　0.21　　　　　　　　　　④　0.027

❹ 次の整数を分数で表しましょう。　📖教127ページ5⑦　　　　20点(1つ5)

①　$4 = \dfrac{4}{1}$　　　②　16　　　③　21　　　④　50

⚠️ミスに注意！

❺ 次の数を大きい順にかきましょう。　📖教127ページ▲　　　全部できて20点

0.9　　$\dfrac{7}{10}$　　$1\dfrac{3}{4}$　　$\dfrac{3}{2}$　　1.8　　$\dfrac{6}{5}$

（　　　　　　　　　　　　　　　　　　）

⑨ 分　数
5　分数倍

分数を使って、$\frac{1}{2}$ 倍、$\frac{1}{3}$ 倍のように、何倍かを表すことができます。

❶ 算数の小テストで、ひとみさんは 6 点、みきさんは 5 点、ゆきえさんは 7 点とりました。次の ☐ の中にあてはまる数を書きましょう。

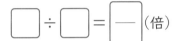 128〜129ページ❶、129ページ②　30点(☐1つ5)

みきさんの得点は、ひとみさんの得点の

$\boxed{5} \div \boxed{6} = \boxed{}$ (倍)

ゆきえさんの得点は、ひとみさんの得点の

$\boxed{} \div \boxed{} = \boxed{}$ (倍)

となります。

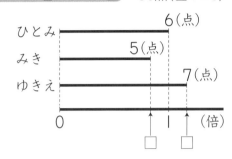

❷ 大きいバケツには 5L、小さいバケツには 3L の水がはいっています。

128〜129ページ❶、129ページ②　30点(式10・答え5)

①　大きいバケツの水の量は、小さいバケツの水の量の何倍ですか。

式

答え（　　　　　）

②　小さいバケツの水の量は、大きいバケツの水の量の何倍ですか。

式

答え（　　　　　）

❸ 同じボールを、さとしさんは 21m、ひろしさんは 28m 投げました。

128〜129ページ❶、129ページ②　40点(式10・答え10)

①　さとしさんの投げたきょりは、ひろしさんの投げたきょりの何倍ですか。

式

答え（　　　　　）

②　さとしさんの投げたきょりを 1 としたとき、ひろしさんの投げたきょりはいくらにあたる大きさですか。

式

答え（　　　　　）

⑩ **面 積**

Ⅰ 　三角形の面積

[三角形の面積は、長方形の面積をもとにして求めることができます。]

❶ 右の三角形の面積を、次の考え方で求めましょう。
方眼の１目もりは１cmとします。

📖教135〜136ページ❶　40点（式10・答え10）

①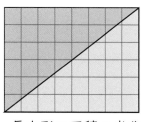

長方形の面積の半分

式　6×8÷2＝24

答え　（　　　　　　　　　）

②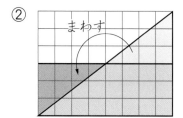

式

答え　（　　　　　　　　　）

❷ 次の三角形の面積を求めましょう。　📖教139ページ❷　　60点（式10・答え10）

①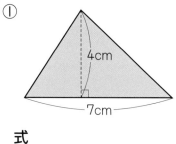

7cm
4cm

式

答え　（　　　　　　　　）

②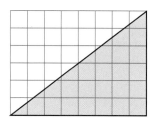

6cm
3.5cm

式

答え　（　　　　　　）

③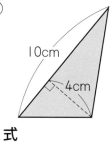

10cm
4cm

式

答え　（　　　　　　　）

教科書 📖 134〜139ページ

時間 **15**分　合格 **80点**　／**100**　　月　日

答え **90**ページ

❶ 次の平行四辺形の面積を求めましょう。方眼の1目もりは1cmとします。

📖教 140〜141ページ❶　20点（式5・答え5）

①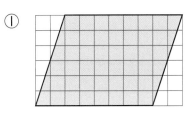

式　8×6＝48

平行四辺形の面積＝底辺×高さ

答え（　　　　　）

② 　式

答え（　　　　　）

❷ 次の平行四辺形の面積を求めましょう。　📖教 143ページ❷　80点（式10・答え10）

①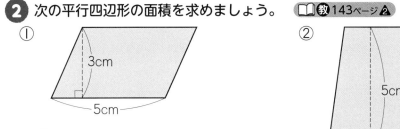

3cm
5cm

式

② 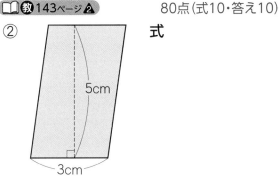　式

5cm
3cm

答え（　　　　　）

答え（　　　　　）

③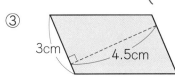

3cm
4.5cm

式

④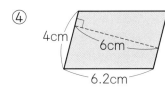

4cm
6cm
6.2cm

式

答え（　　　　　）

答え（　　　　　）

教科書 📖 **140〜143ページ**

⑩ **面 積**

2　平行四辺形の面積　　　……(2)

[三角形の面積＝底辺×高さ÷2、平行四辺形の面積＝底辺×高さ]

1 次の三角形や平行四辺形の面積を求めましょう。
方眼の１目もりは１cmとします。　📖教144〜145ページ**1**　20点(式5・答え5)

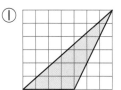

① 式

答え　(　　　　　)

② 式

答え　(　　　　　)

2 次の三角形や平行四辺形の面積を求めましょう。　📖教145ページ**2**　60点(式10・答え5)

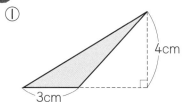

① 4cm 3cm

式　3×4÷2＝6

答え　(　　　　　)

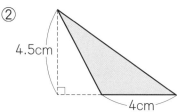

② 4.5cm 4cm

式

答え　(　　　　　)

③ 4cm 1.5cm

式

答え　(　　　　　)

④ 4cm 5cm 3.5cm

式

答え　(　　　　　)

[どんな形の三角形でも、底辺の長さが等しく、高さも等しければ、面積も等しくなります。]

3 下の図で、直線アイと直線ウエは平行です。それぞれの三角形の面積を求めましょう。

📖教146ページ**2**　全部できて20点

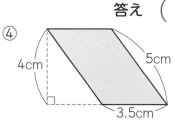

ア 7cm ウ 4cm 4cm 4cm イ エ ① ② ③

① (　　　　　)

② (　　　　　)

③ (　　　　　)

教科書📖 144〜146ページ

⑩ **面 積**

3 台形・ひし形の面積

時間 15分

合格
80点

/100

月 日

サクッと
こたえ
あわせ

答え 90ページ

■台形の面積の公式

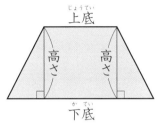

上底(じょうてい)

高さ

高さ

下底(かてい)

台形の平行な2つの辺を上底、下底といい、
上底と下底の間のはばを高さというよ。

台形の面積＝(上底＋下底)×高さ÷2

■ひし形の面積の公式

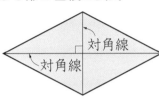

対角線

対角線

ひし形の面積 ＝ 対角線 × 対角線 ÷2

1 次の台形の面積を求めましょう。 📖教149ページ② 50点(式15・答え10)

①
2cm
3cm
6cm

式

答え （　　　　　）

②
3cm
2cm
8cm

式

答え （　　　　　）

2 次のひし形の面積を求めましょう。 📖教150ページ② 50点(式15・答え10)

①
6cm
14cm

式

答え （　　　　　）

②
6cm
3cm

式

答え （　　　　　）

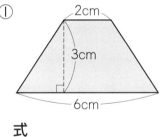

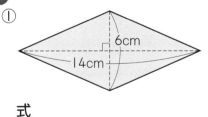

⑩ **面　積**

4　面積の求め方のくふう

時間 15分 ┃ 合格 80点 ┃ /100

月　日

サクッとこたえあわせ

答え **90**ページ

❶ 次の図形の面積を求めましょう。方眼の1目もりは1cmとします。

📖教152ページ❶　40点(式10・答え10)

①

②

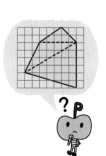

式

式

答え （　　　　　　　）

答え （　　　　　　　）

❷ 下の多角形の面積を求めましょう。　📖教153ページ❷　60点(式10・答え10)

①

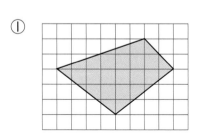

式

対角線で2つの三角形に分けているね。

答え （　　　　　　　）

②

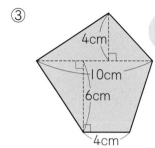

式

③

五角形を三角形と台形に分けて考えるよ。

式

答え （　　　　　　　）

答え （　　　　　　　）

教科書 📖 **152〜153**ページ

⑩ **面　積**

5　面積と比例<small>（ひれい）</small>

サクッと
こたえ
あわせ

答え **90**ページ

---

❶ 三角形の底辺を 8cm ときめて、高さを 1cm、2cm、3cm、…と変えていきます。

📖教154ページ❶　50点（①全部できて20、②・③・④1つ10）

① 次の表の面積のらんにあてはまる数をかきましょう。

高さ(cm)	1	2	3	4	5	6	7
面積(cm²)	4						

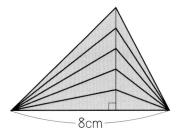

8cm

② 高さが 1cm ずつ増（ふ）えていくと、面積は何 cm²
ずつ増えていきますか。

（　　　　　　　　　）

③ 高さが 2 倍、3 倍になると、面積はどのように変わっていきますか。

（　　　　　　　　　）

④ 高さが 12cm のとき、面積は何 cm² ですか。

（　　　　　　　　　）

---

❷ 三角形の高さを 6cm ときめて、底辺を 1cm、2cm、3cm、…と変えていきます。

📖教154ページ❷　50点（①全部できて20、②・③・④1つ10）

① 次の表の面積のらんにあてはまる数をかきましょう。

底辺(cm)	1	2	3	4	5	6	7
面積(cm²)	3						

6cm

② 底辺が 1cm ずつ増えていくと、面積は何 cm² ずつ
増えていきますか。

（　　　　　　　　　）

③ 底辺が 2 倍、3 倍になると、面積はどのように変わっていきますか。

（　　　　　　　　　）

④ 底辺が 20cm のとき、面積は何 cm² ですか。

（　　　　　　　　　）

⑪ 平均とその利用
1 平均

[いくつかの数量を、同じ大きさになるようにならしたものを、それらの数量の平均といいます。]

1 4個のたまごの重さをはかったら、次のようでした。

64g、61g、63g、60g

たまごの重さは、1個平均何gですか。　📖教158ページ⚠　30点(式15・答え15)

式

答え（　　　　　）

2 箱に10個のみかんがはいっています。その中から4個取り出して重さをはかると、72g、75g、68g、69gでした。　📖教160ページ5、6　40点(式10・答え10)

① 4個のみかんの1個平均の重さは、何gですか。

式

答え（　　　　　）

② みかん10個の重さは、何gになると考えられますか。

式

平均の重さのみかんが、10個ある
と考えればいいんだね。

答え（　　　　　）

3 右の表は、5年生女子の各組の人数と漢字テストの平均点です。5年生女子全体の平均点は何点ですか。

📖教161ページ8、9　30点(式15・答え15)

式

5年生女子の漢字テスト

	人数	平均点
1組女子	20人	90.5点
2組女子	15人	94.0点

1組の合計点と2組の合計点の
和を、女子全員の人数でわれば
いいんだね。

答え（　　　　　）

教科書 📖 157〜161ページ

⑪ **平均とその利用**

2 平均を使って

⚠️ミスに注意！

❶ 右の表は、みさきさんが、10歩ずつ5回歩いたときの記録です。

📖教162ページ❶　40点(式10・答え10)

① みさきさんの歩はばは、何mといえばよいですか。上から2けたの概数(がいすう)で答えましょう。

式

$(6.32＋6.26＋6.33＋6.34＋6.3)÷5＝6.31$
$6.31÷10＝0.631$

回	10歩のきょり
1	6m32cm
2	6m26cm
3	6m33cm
4	6m34cm
5	6m30cm

みさきさんの記録

32cmは0.32mだよ。

答え　約(　　　　　)

② みさきさんは、家からポストまでの歩数を調べたら、70歩ありました。家からポストまでは、約何mありますか。上から2けたの概数で答えましょう。

式

答え　約(　　　　　)

❷ 次の5個のたまごの重さの平均をくふうして求めましょう。

51g、54g、55g、57g、53g

📖教163ページ　60点(式10・答え10)

① 50gより重い部分の重さの合計は、何gになりますか。

式

答え　(　　　　　)

② 50gより重い部分の重さの平均は何gですか。

式

答え　(　　　　　)

③ 5個のたまごの平均は何gですか。

式

答え　(　　　　　)

たまごの重さ

(g)
60
55
50
0

時間 15分 ｜ 合格 80点 ｜ ／100 ｜ 月　日

サクッと
こたえ
あわせ
答え 91 ページ

⑫　**単位量あたりの大きさ**　……(1)

[単位量あたりの大きさを求めてくらべましょう。]

❶ たたみの数がちがうA室とB室に、右の表のように
子どもがいます。こみぐあいをくらべましょう。

📖教167～168ページ❶、169ページ❷

60点(①・②式5・答え5、③□1つ5)

部屋わり

	A室	B室
たたみの数	16まい	8まい
子どもの数	10人	4人

① たたみ｜まいあたりの子どもの数は、それぞれ何人になりますか。

A室　式

答え（　　　　　）

子どもの数を、
たたみの数で
わろう。

B室　式

答え（　　　　　）

② 子ども｜人あたりのたたみの数は、それぞれ何まいになりますか。

A室　式

答え（　　　　　）

B室　式

答え（　　　　　）

たたみの数を、
子どもの数で
わればいいん
だね。

③ どちらの部屋のほうがこんでいることになりますか。
次の□□にあてはまることばをかきましょう。

たたみ｜まいあたりの子どもの数が[　　　　]ほど、こんでいるといえます。

子ども｜人あたりのたたみの数が[　　　　]ほど、こんでいるといえます。

[　]室よりも[　]室のほうがこんでいます。

❷ 青い自動車は25Lのガソリンで310km、赤い自動車は18Lのガソリンで
225km走りました。ガソリン｜Lあたりで走れる道のりはどちらがどれだけ長い
ですか。　📖教169ページ❸　　　　　　　　　40点(式20・答え20)

式　青い自動車
　　赤い自動車

答え（　　　　　　　　　　　）

教科書📖 **166～169ページ**

⑫ 単位量あたりの大きさ ……(2)

[1km² あたりの人口を人口密度といいます。]

❶ A市とB市の人口と面積は、右の表のようになって
います。面積のわりに人口が多いのはどちらの市です
か。それぞれの人口密度を求めてくらべましょう。

📖教170ページ❶　　60点(①・②式10・答え10、③20)

A市とB市の人口と面積

	人口(万人)	面積(km²)
A市	185	264
B市	123	207

① A市の人口密度を求めましょう。

式　$1850000 \div 264 = 7007.5\cdots$

人口密度は、人口を面積で
わります。答えは小数第1位
を四捨五入して求めます。

答え（ 1km² あたり約　　　　　人 ）

② B市の人口密度を求めましょう。

式

答え（ 1km² あたり約　　　　　人 ）

③ 面積のわりに人口が多いのはどちらの市ですか。

人口密度が高いほど、面積のわりに
人口が多いといえるよ。

（　　　　　）

❷ 右の表は、A、B、Cの3台の印刷機で印刷した
紙のまい数と、かかる時間を表したものです。同じ
時間でより多くのまい数を印刷できるのは、どの印
刷機ですか。 📖教170ページ❷ 20点(式10・答え10)

印刷したまい数と時間

	まい数(まい)	時間(時間)
A	10500	3
B	13000	4
C	25500	6

式　A

答え（　　　　　）

❸ かよ子さんの家では、9m² の畑からたまねぎが 48.6 kg とれ、おさむさんの家では、
12 m² の畑からたまねぎが 69.6 kg とれました。1m² あたりにとれるたまねぎの量
は、どちらがどれだけ多いですか。 📖教170ページ❸ 20点(式10・答え10)

式

答え（　　　　　）

教科書📖 170ページ

 遊園地へゴー！

1 りんご12個とメロン1個を買うと3600円です。りんご8個とメロン1個を買うと 2800円です。　📖教172ページ**1**、⚠　　　　　　60点(式10・答え10)

① りんご4個のねだんは何円 ですか。

式

3600－2800＝800

答え（　　　　　　　）

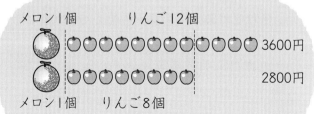

メロン1個　　りんご12個

3600円

2800円

メロン1個　　りんご8個

図からりんご4個のねだんがわかるね。

② りんご1個のねだんは何円 ですか。

式

答え（　　　　　　　　　）

③ メロン1個のねだんは何円ですか。

式

答え（　　　　　　　　　）

2 りんご5個とみかん8個を買うと、代金は全部で720円です。りんご1個のねだんは、 みかん1個のねだんの2倍です。　📖教173ページ**1**、⚠　　40点(式10・答え10)

① 720円で、みかんだけを買うと、全部で何個買えますか。

式　5×2＋8＝18

答え（　　　　　　　）

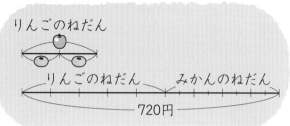

りんごのねだん

りんごのねだん　　みかんのねだん

720円

② みかん1個とりんご1個のね だんは、それぞれ何円ですか。

式

答え（みかん　　　　　りんご　　　　　）

⑬ 割合（2）
１ 割合 ……（１）

サクッと
こたえ
あわせ
答え **91** ページ

割合は、ある量をもとにして、くらべる量がもとにする量の何倍にあたるかを表したものです。
割合＝くらべる量÷もとにする量

1 右の表は、サッカークラブとパソコンクラブの定
員と希望者の数です。 📖教175ページ**1**、**2**
60点（①・③式10・答え10、②・④1つ10）

クラブの定員と希望者

クラブ	定員（人）	希望者（人）
サッカー	25	40
パソコン	15	12

① サッカークラブの希望者は、定員の何倍
ですか。

式 $40 \div 25 = 1.6$

希望者が定員の1.6倍ということは、
割合が1.6ということです。
これは、定員を1としたとき、希望者が1.6
の大きさにあたるということです。

答え（　　　　　）

② サッカークラブの定員を１とすると、
希望者の割合はいくらですか。

（　　　　　）

③ パソコンクラブの希望者は、定員の何倍ですか。
式

答え（　　　　　）

④ パソコンクラブの定員を１とすると、希望者の割合はいくらですか。

（　　　　　）

2 あやこさんの学年 95 人のうち、男子は 38 人、女子は 57 人です。

📖教176ページ**1**、**2**　40点（式10・答え10）

① 学年の人数をもとにしたとき、男子の人数の割合はいくらですか。
式

答え（　　　　　）

くらべる量＝男子の人数
もとにする量＝学年の人数
だね。

② 女子の人数は、男子の人数の何倍ですか。
式

答え（　　　　　）

⑬ **割 合(2)**
1 割 合

……(2)

[くらべる量＝もとにする量×割合　もとにする量＝くらべる量÷割合です。]

❶ ともひこさんの体重は 32kg です。かえでさんの体重は、ともひこさんの体重の 0.8 倍です。

　　かえでさんの体重は何 kg ですか。　📖教177ページ❶、❷　　20点(式10・答え10)

式　32×0.8＝

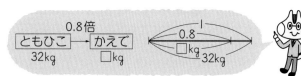

答え （　　　　　　　）

❷ 去年 200 円だったキャベツが、ことしは去年の 1.05 倍のねだんになったそうです。

　　ことしのキャベツのねだんは何円ですか。　📖教177ページ❶、❷　20点(式10・答え10)

式

答え （　　　　　　　）

❸ まことさんの家の庭の面積は 60m² で、庭全体の 0.4 倍が花だんです。

　　花だんの面積は何 m² ですか。　📖教177ページ❶、❷　　20点(式10・答え10)

式

答え （　　　　　　　）

❹ ある辞典のページ数は 936 ページで、これは、教科書のページ数の 7.8 倍にあたります。教科書は何ページですか。　📖教178ページ❶、❷　　20点(式10・答え10)

式

答え （　　　　　　　）

❺ 赤い花が 32 本で、これは、白い花の数の 0.4 倍にあたります。

　　白い花は何本ですか。　📖教178ページ❶、❷　　20点(式10・答え10)

式

答え （　　　　　　　）

教科書 📖 **177～178ページ**

⑬ **割 合(2)**
2 百分率

[割合の 0.01 を、百分率では 1%と表します。]

❶ もとのねだんが 1500 円の服を 900 円で買いました 📖教180ページ❶

40点(式10・答え10)

① 代金は、もとのねだんの何倍ですか。

式

答え (　　　　　　　)

② 代金は、もとのねだんの何%にあたりますか。

式　0.6×100＝

百分率(%)で表す
には、割合に100を
かければいいんだ。

答え (　　　　　　　)

❷ 次の小数を百分率で、百分率を小数で表しましょう。 📖教180ページ❷　15点(1つ5)

① 0.4　　　　　　② 0.08　　　　　③ 35%

(　　　　　) (　　　　　) (　　　　　)

❸ もとのねだんが 1200 円の手ぶくろを、そのねだんの 80%で買いました。
代金は何円ですか。 📖教181ページ❹　20点(式10・答え10)

式

答え (　　　　　　　)

❹ 花だんにチューリップの球根を植えました。植えた部分の面積は 12m² で、これ
は花だん全体の 40%にあたります。花だん全体の面積は、何 m² ですか。

📖教181ページ❸　25点(式全部できて15・答え10)

式　花だん全体の面積を□m² とすると、

　　□ × 0.4 = 12

もとにする量　割合　くらべる量

　　□＝ 12 ÷ 0.4

　　□＝

答え (　　　　　　　)

⑬ 割 合(2)

3 割合を使って

[百分率を小数になおして計算します。]

❶ ねだんが 25000 円の電子レンジを、10%引きで買います。 📖教184ページ②

40点(式10・答え10)

① 代金は、もとのねだんの何倍ですか。

式

答え （　　　　　）

代金□円
ねだん 25000円
1　0.1

② 代金は、何円になりますか。

式

答え （　　　　　）

❷ これまで 400g 入りだったマヨネーズが、20%増量して売られています。いま売られているマヨネーズは何 g 入りですか。 📖教184ページ❶ 20点(式10・答え10)

式

はじめの重さ 400g
売られている重さ□g
1　0.2

答え （　　　　　）

❸ セーターをもとのねだんの 15%引きで買うと、代金は 3400 円でした。もとのねだんは何円ですか。 📖教185ページ④ 20点(式10・答え10)

式

答え （　　　　　）

❹ おこづかいが 18%増えて、1770 円になりました。もとのおこづかいは何円でしたか。 📖教185ページ❸ 20点(式10・答え10)

式

答え （　　　　　）

教科書 📖 183〜185ページ

まとめの
ドリル
59。
⑬ 割 合(2)

時間 15分 | 合格 80点 /100 | 月 日

答え 92ページ

1 赤色、白色のビー玉が全部で 85 個あります。このうち、赤色は 51 個、白色は 34 個 です。　　　　　　　　　　　　　　　　　　　　　　　20点(式5・答え5)

① 赤色は、ビー玉全体の何倍ですか。

式

答え (　　　　　　　)

② 白色は、ビー玉全体の何倍ですか。

式

答え (　　　　　　　)

2 次の小数は百分率で、百分率は小数で表しましょう。　　　　40点(1つ5)

①　0.6　　　　　　②　0.703　　　　　③　0.09

(　　　　　)　(　　　　　)　(　　　　　)

④　0.84　　　　　⑤　20%　　　　　⑥　25.7%

(　　　　　)　(　　　　　)　(　　　　　)

⑦　38%　　　　　⑧　115%

(　　　　　)　(　　　　　)

3 もとのねだんが 3500 円のセーターが 2800 円で売られています。

代金はもとのねだんの何%ですか。　　　　　20点(式10・答え10)

式

答え (　　　　　　　)

4 980 円のプラモデルが、もとのねだんの 70%で売られています。

代金は何円になりますか。　　　　　20点(式10・答え10)

式

答え (　　　　　　　)

教科書 174〜187ページ

時間 15分 | 合格 80点 | /100

サクッと
こたえ
あわせ

答え **92**ページ

⚠️ミスに注意!

❶ 子どもが 1m おきにならんで、人文字をつくります。 📖教188〜189ページ

100点(1つ20)

① 右のような 5 の文字は、何人でつくることができますか。

1m

ア 3m イ 4m ウ3m エ 4m オ 3m カ

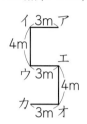

(　　　　　)

② 右のような 4 の文字は、何人でつくることができますか。

4の字の形を変えて考えよう。

ア 4m イ 3m エ　　　　8m　　　オ

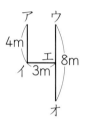

(　　　　　)

③ 右のような 0 の文字は、何人でつくることができますか。

アはつながっていたところだから、
二度数えないようにしよう。

ア　　8m　　イ 3m ウ　　8m　　エ 3m ア

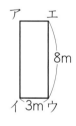

(　　　　　)

④ 右のような 6 の文字は、何人でつくることができますか。

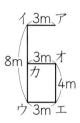

(　　　　　)

⑤ 右のような 8 の文字は、何人でつくることができますか。

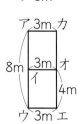

(　　　　　)

教科書 📖 **188〜189ページ**

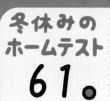
冬休みの
ホームテスト
61。 : 整 数／面 積

時間 15分 ｜ 合格 80点 ／100

月　日

サクッと
こたえ
あわせ
答え 92ページ

1 ある駅から、市役所行きのバスは 9 分ごとに、図書館行きのバスは 15 分ごとに発車します。午前 8 時 30 分に両方が同時に発車しました。次に同時に発車するのは、何時何分ですか。　　　　　　　　　　　　　　　　　　　　　　　　　　　20点

（　　　　　　　　）

2 りんごが 36 個、みかんが 45 個あります。それぞれ同じ数ずつ何人かの子どもに分けて、どちらも余りが出ないようにします。なるべく多くの子どもに分けるとすると、何人の子どもに分けることができますか。　　　　　　　　　　　　20点

（　　　　　）

3 次の図の面積を求めましょう。　　　　　　　　　　　　　60点(式5・答え5)

①
6cm
5cm

式

②
5cm
2cm

式

③ 平行四辺形
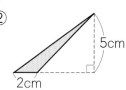
3cm
5.6cm

式

答え（　　　　　）　答え（　　　　　）　答え（　　　　　）

④ 台形

2cm
3cm
5cm

式

⑤ 台形

2cm
5cm
4cm

式

⑥ ひし形
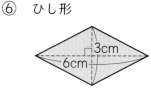
3cm
6cm

式

答え（　　　　　）　答え（　　　　　）　答え（　　　　　）

平均（へいきん）とその利用
単位量あたりの大きさ／分　数

⭐1 右の表は、ある学校の1週間の欠席者数です。
1日平均何人休んだことになりますか。

15点(式10・答え5)

1週間の欠席者数

曜日	月	火	水	木	金
欠席者数(人)	16	21	11	8	9

式

答え　（　　　　　　　　　）

⭐2 あるクラスで算数のテストをして、男女別に平均点を求
めました。右の表はそれぞれの人数と結果です。このク
ラス全体の平均点は何点になりますか。

15点(式10・答え5)

算数のテスト

	人数	平均点
男子	18人	85点
女子	12人	90点

式

答え　（　　　　　　　　　）

⭐3 右の表は、鉄と銅の体積と重さを調べたものです。1cm³
あたりの重さはどちらが重いですか。　15点(式10・答え5)

鉄と銅の体積と重さ

	体積(cm³)	重さ(g)
鉄	120	944
銅	32	286

式

答え　（　　　　　　　　　）

⭐4 次の計算をしましょう。　20点(1つ10)

① $\dfrac{2}{3}+\dfrac{5}{6}-\dfrac{1}{2}$

② $1-\dfrac{1}{3}-\dfrac{1}{6}$

（　　　　　　　）　　　　　　（　　　　　　　）

⭐5 次の分数を小数で表しましょう。　15点(1つ5)

① $\dfrac{2}{5}$（　　　　　）② $\dfrac{1}{4}$（　　　　　）③ $\dfrac{5}{4}$（　　　　　）

⭐6 次の小数を分数で表しましょう。　20点(1つ5)

① 0.3　　　② 1.7　　　③ 0.37　　　④ 0.029

（　　　　）（　　　　）（　　　　）（　　　　）

⑭ **円と正多角形**

│ 正多角形

1 ◻ にあてはまることばをかきましょう。 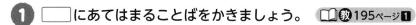 10点(1つ5)

① 辺の長さがすべて等しく、◻ の大きさもすべて等しい多角形を正多角形と
いいます。

② 正四角形は、◻ ともいいます。

2 次の図形は、正何角形ですか。 📖教195ページ**1** 30点(1つ10)

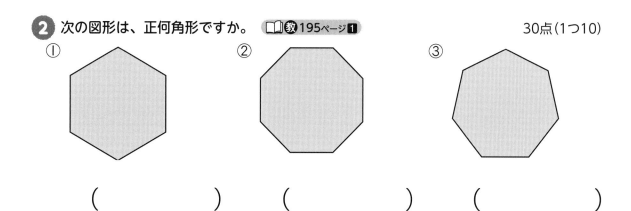

①　　　　　　　　②　　　　　　　　③

(　　　　　　　) (　　　　　　　) (　　　　　　　)

3 次の正多角形をかきましょう。 📖教196ページ**2**、**⚠**、197ページ**4** 60点(1つ20)

① 正五角形　　　② 正八角形　　　③ 1辺が2cmの正六角形

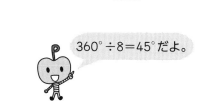

360°÷8＝45°だよ。

教科書 📖 **194〜197ページ**

⑭ 円と正多角形
2 円周と直径／3 円周と比例

[円周＝直径×3.14 です。]

1 □にあてはまることばや数をかきましょう。 📖教200〜201ページ**2** 10点(1つ5)

どんな大きさの円でも、円周÷直径は同じ数になります。

この数を │ 円周率 │ といいます。円周率は、ふつう │ │ を使います。

2 運動場に直径8mの円をかきます。

まわりの長さは、何mになりますか。 📖教202ページ**3**㋐ 20点(式10・答え10)

式 8×3.14＝25.12

答え （ ）

円周＝直径×3.14
ですね。

3 円周が35cmの円の直径は、約何cmですか。上から2けたの概数で答えましょう。

📖教202ページ**3**㋑ 20点(式10・答え10)

式

答え 約（ ）

4 円の直径を1m、2m、3m、……と変えていきます。 📖教203ページ**1**

50点(①空らん1つ5、②・③1つ15)

① 下の表を完成させましょう。

直径(m)	1	2	3	4	5
円周(m)	3.14	6.28			

② 円の直径が2倍になると、円周は何倍になりますか。

（ ）

③ 直径が10mの円の円周は、直径が2mの円の円周の何倍ですか。

（ ）

⑮ **割合のグラフ**
1 帯グラフと円グラフ ……(1)

[目もりを数えて、割合を求めましょう。]

⚠ミスに注意!

❶ 下の図は、4人が飼っているめだかの数の割合を、帯グラフに表したものです。

📖教207ページ❶　40点(1つ10)

飼っているめだかの数の割合

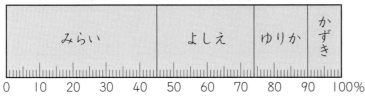

全体を長方形で表し、直線で区切って、割合を表したグラフを帯グラフといいます。

① みらいさんが飼っているめだかの数は、4人が飼っているめだかの数の何%ですか。

(　　　　)

② よしえさんが飼っているめだかの数は、4人が飼っているめだかの数の何%ですか。

(　　　　)

③ ゆりかさんが飼っているめだかの数は、4人が飼っているめだかの数の何%ですか。

(　　　　)

④ かずきさんが飼っているめだかの数は、4人が飼っているめだかの数の何%ですか。

(　　　　)

❷ 右のグラフは、4人が拾ったくりの数の割合を、円グラフに表したものです。　📖教207ページ❶　60点(式15・答え15)

拾ったくりの数の割合

① あやかさんが拾ったくりの数は、ゆりさんが拾ったくりの数の何倍ですか。

式

答え (　　　　)

② 4人が拾ったくりの合計は120個でした。ゆりさんは何個拾いましたか。

式

全体を円で表し、半径で区切って割合を表したグラフを円グラフというよ。

答え (　　　　)

時間 **15**分 ｜ 合格 **80**点 ／**100** ｜ 月　日

サクッと
こたえ
あわせ

答え **93**ページ

⑮　**割合のグラフ**
1　帯グラフと円グラフ　　　　……(2)
2　帯グラフや円グラフを使って

[全体の何％になっているかを調べて、グラフをかきます。]

1 右の表は、あやさんの学校で1週間にけがをした人の種類別の人数です。

📖教208～209ページ**1**　50点(式5・答え5、②10)

① それぞれのけがをした人数は、全体の何％ですか。

⑦ すりきず

式　　　　　　　　　答え（　　　　　　）

⑦ きりきず

式　　　　　　　　　答え（　　　　　　）

⑦ ねんざ

式　　　　　　　　　答え（　　　　　　）

⑦ その他

式　　　　　　　　　答え（　　　　　　）

1週間にけがをした人数

種類	人数（人）
すりきず	18
きりきず	12
ねんざ	9
その他	6
合　計	45

② 右上の表を、右の帯グラフに表しましょう。

1週間にけがをした人数の割合

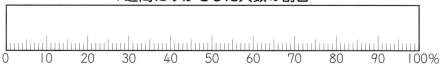

0　10　20　30　40　50　60　70　80　90　100％

2 右の資料は、ある小学校の4年生と5年生に「いちばん好きなペット」についてアンケートを行った結果です。次の①、②のことがらについて、「正しい」、「正しくない」、「この資料からはわからない」のどれかで答え、そのわけもいいましょう。📖教210～211ページ**1**

50点(答え10・わけ15)

「いちばん好きなペット」別の人数の割合(4年生)

「いちばん好きなペット」別の人数の割合(5年生)

① さかな好きの割合は、4年生と5年生で同じである。

答え（　　　　　　　　　　　）

わけ（　　　　　　　　　　　　　）

② 小鳥好きな人数は、5年生の方が多い。

答え（　　　　　　　　　　　）

わけ（　　　　　　　　　　　　　）

教科書📖 **208～211ページ**

サクッと
こたえ
あわせ

⑯ 角柱と円柱　……(1)

答え 93ページ

1 下のあ〜おを見て、次の問いに答えましょう。　教219ページ **1**　　20点(1つ10)

① あ、い、うのような立体を何といいますか。

(　　　　　)

② え、おのような立体を何といいますか。

(　　　　　)

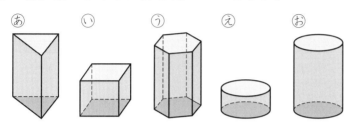

あ　　い　　う　　え　　お

2 ◯にあてはまることばをかきましょう。　教219ページ **1**、220〜221ページ **2**

50点(◯1つ10)

① 角柱や円柱の上下の面を ◯◯◯◯◯ 、横の面を ◯◯◯◯◯ といいます。

② 角柱の2つの底面は、平行で、合同な ◯◯◯◯◯ になっています。

③ 円柱の側面のように曲がった面を ◯◯◯◯◯ といいます。

④ 右の図のABの辺や、2つの底面の円の中心を結んだ
直線CDの長さはそれぞれ、角柱と円柱の ◯◯◯◯◯ です。

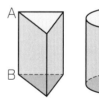

A　C・
B　D・

3 角柱の頂点や辺の数について答えましょう。　教221ページ **4**　　30点(1つ10)

① 三角柱の頂点の数は何個ですか。

(　　　　　)

② 五角柱の辺の数は何本ですか。

(　　　　　)

③ 六角柱の辺の数は何本ですか。

(　　　　　)

⑯ **角柱と円柱**
〔かくちゅう　えんちゅう〕

……(2)

見取図

1 下の立体の見取図をかきましょう。 📖教222ページ**1**

100点(1つ20)

① 三角柱

② 四角柱

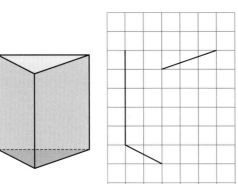

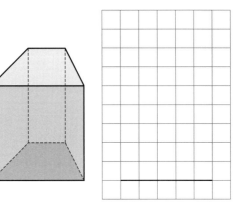

③ 五角柱

④ 円柱

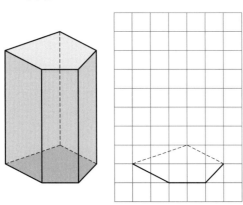

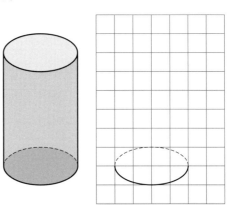

⑤ 円柱

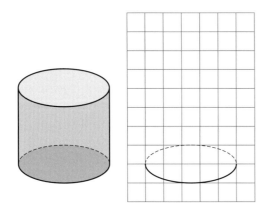

見えない線は
点線でかこう。

教科書 📖 **222ページ**

⑯ **角柱と円柱**（かくちゅう えんちゅう）
てん開図

······（3）

サクッと
こたえ
あわせ

答え **94**ページ

1 次の立体のてん開図をかきましょう。　📖教223ページ**1**、224ページ**3**　　60点（1つ30）

①

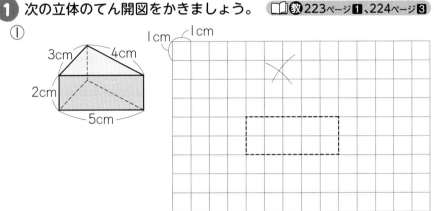

1cm　1cm

底面は、コンパスを
利用してかけるよ。

②

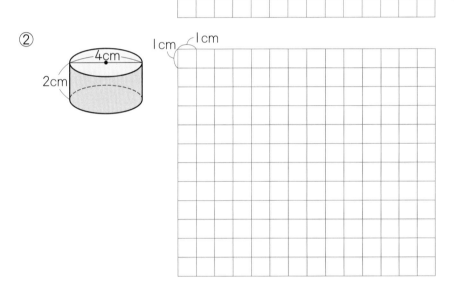

1cm　1cm

2 下のてん開図を組み立ててできる立体の名前をかきましょう。　📖教223〜224ページ

40点（1つ20）

①

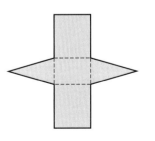

②

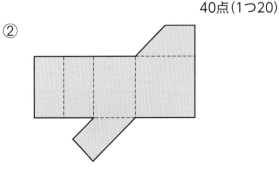

（　　　　　）　　　　　（　　　　　）

教科書 📖 **223〜224**ページ

サクッと
こたえ
あわせ

答え **94**ページ

⑰ 速さ
速さを求める

[速さは、単位時間に進む道のりで表します。速さ＝道のり÷時間]

1 はるかさんは 60m を 8 秒間で走り、さちえさんは 40m を 5 秒で走りました。2 人の速さを求めて、どちらが速いか考えましょう。 📖教227ページ**1** 50点(式10・答え10、③10)

① はるか

式 60÷8＝

答え 1 秒間あたり （　　　　　）m

1秒間に何m走ったかをくらべてみよう。1秒間あたりに進む道のりで表した速さを、秒速というんだよ。
秒速＝道のり÷秒

② さちえ

式

答え 1 秒間あたり （　　　　　）m

③ はるかさんとさちえさんは、どちらが速いですか。

（　　　　　　　　）

2 Aの自動車は 255km を 3 時間で、Bの自動車は 264km を 4 時間で進みました。AとBの自動車では、どちらが速いですか。 📖教228ページ**2** 20点(式10・答え10)

式

答え （　　　　　　　　）

時速は、1時間あたりに進む道のりで表した速さのことですね。
時速＝道のり÷時間

3 次の速さを求めましょう。 📖教228ページ**3** 30点(式5・答え5)

① 180km を 4 時間で進んだ自動車の時速

式

答え 時速（　　　　　）km

分速は、1分間あたりに進む道のりで表した速さのことだよ。
分速＝道のり÷分

② 3600m を 15 分で進んだ自転車の分速

式

答え 分速（　　　　　）m

③ 756m を 42 秒間で飛んだハトの秒速

式

答え 秒速（　　　　　）m

教科書 📖 **226〜228ページ**

きほんの
ドリル
71。

⑰ **速さ**
道のりを求める

サクッと
こたえ
あわせ
答え 94ページ

[道のり＝速さ × 時間]

❶ 秒速 208m で飛ぶ飛行機は、12 秒間で何 m 飛びますか。　📖教229ページ❶

20点(式10・答え10)

式

秒速に時間をかければ
いいよ。
道のり＝秒速×秒

答え（　　　　　　）

❷ 時速 80km で進む自動車があります。この自動車が、2 時間 30 分進み続けるとすると、何 km 進みますか。　📖教229ページ❶

20点(式10・答え10)

式

今までに勉強したことをまとめよう。

速さ＝ 道のり÷ 時間　（時速・分速・秒速）
道のり＝速さ× 時間

答え（　　　　　　）

❸ 次の道のりを求めましょう。　📖教229ページ❷

60点(式10・答え10)

① 時速 4.5km で歩く人が 3 時間歩いた道のり

式

答え（　　　　　　）

② 秒速 25m の電車が 40 秒間に進む道のり

式

答え（　　　　　　）

③ 分速 800m の自動車が 25 分間に進む道のり

式

答え（　　　　　　）

教科書 📖 229ページ

⑰ 速さ
時間を求める

[時間＝道のり÷速さ]

❶ 180km の道のりを時速 60km で進むと、何時間かかりますか。　📖教230ページ**1**

20点(式10・答え10)

式

> 進む道のりを速さで われば、かかる時間 が求められるよ。

答え（　　　　　　　）

❷ 秒速 60m で進むスポーツカーが、１周 4800m のコースをまわります。コースを１周するのに何秒かかりますか。　📖教230ページ**1**　　20点(式10・答え10)

式

答え（　　　　　　　）

❸ 次の時間を求めましょう。　📖教230ページ**2**　　60点(式10・答え10)

① 秒速 30m で進む電車が 1.5km 進むのにかかる時間

式

答え（　　　　　　　）

② 分速 50m で歩く人が 8km の道のりを進むのにかかる時間

式

答え（　　　　　　　）

③ 時速 2.6km で歩く人が 5200m の道のりを進むのにかかる時間

式

答え（　　　　　　　）

教科書 📖 230ページ

⑰ **速さ**
時速・分速・秒速

[速さをくらべるときには、同じ速さの単位にそろえてくらべます。]

1 時速 18km で進む自転車と、秒速 4m で走る人の速さをくらべます。

📖教231ページ❶、❷   50点(①・②式10・答え10、③10)

① 時速 18km を秒速になおしましょう。

式

1時間は3600秒になるね。

答え （　　　　　　）

② 秒速 4m は、時速何 km ですか。

式

答え （　　　　　　）

③ 自転車と人では、どちらが速いですか。

（　　　　　　）

2 時速 72km で進む自動車と、分速 1.5km で進む電車があります。　📖教231ページ❶、❷

50点(①・③式10・答え10、②10)

① 時速 72km は分速何 km ですか。

式

答え （　　　　　　）

② 自動車と電車では、どちらが速いですか。

（　　　　　　）

③ この電車で 2 時間かかる道のりを、自動車で進むと何時間かかりますか。

式

答え （　　　　　　）

教科書 📖 231ページ

時間 15分 | 合格 80点 | /100

月　日

サクッと
こたえ
あわせ

答え 95ページ

⑱ **変わり方** ……(1)

[ともなって変わる2つの数量の関係を、○と△を使って式や表に表して調べます。]

1 みらいさんのお姉さんは、みらいさんより5才年上で、みらいさんとお姉さんのたん生日は同じです。 📖教235ページ**1**

50点(①・③1つ15、②空らん1つ5)

① みらいさんの年れいを○才、お姉さんの年れいを△才として、次の□にあてはまる数をかき入れ、○と△の関係を式に表しましょう。

$$○ + \boxed{} = △$$

② 2人の年れいの変わり方を、表にかいて調べましょう。

○(才)	1	2	3	4	5
△(才)	6				

③ ○が1ずつ増えると、△はいくつずつ増えますか。

（　　　　　　　　　）

2 下の図のように、正三角形をつくります。 📖教236〜237ページ**3**

50点(①・③1つ15、②空らん1つ5)

1cm → 2cm → 3cm → 4cm → ……

① 正三角形の1辺の長さを○cm、まわりの長さを△cmとして、○と△の関係を式に表しましょう。

（　　　　　　　　　）

② 正三角形の1辺の長さとまわりの長さの変わり方を、表にかいて調べましょう。

○(cm)	1	2	3	4	5
△(cm)	3				

③ □にあてはまることばをかきましょう。

まわりの長さは1辺の長さに□します。

○が2倍、3倍、…になると、
△も2倍、3倍、…になるときだね。

教科書 📖 234〜237ページ

時間 15分 ｜ 合格 80点 ／100 ｜ 月　日

サクッと
こたえ
あわせ

答え 95ページ

⑱ **変わり方** ……(2)

[ともなって変わる2つの数量の関係を、○と△を使って式や表に表して調べます。]

1 1個のねだんが120円のケーキがあります。
このケーキを何個か買って、30円の箱に入れてもらいます。　教238ページ❺

50点(①15、②1つ5、③10)

① 買ったケーキの数を○個、代金を△円として、○と△の関係を式に表しましょう。

$$\boxed{} + \boxed{} = \triangle$$

② 買ったケーキの数と代金の変わり方を、表にかいて調べましょう。

○(個)	1	2	3	4	5
△(円)					

③ 次の □ にあてはまる数をかきましょう。

○が1ずつ増えると、△は $\boxed{}$ ずつ増えます。

2 180円のノート1さつと、1本90円のえん筆を何本か買います。　教239ページ❻

50点(①15、②1つ5、③10)

① 買ったえん筆の本数を○本、代金を△円として、○と△の関係を式に表しましょう。

$$()$$

② 買ったえん筆の本数と代金の変わり方を、表にかいて調べましょう。

○(本)	1	2	3	4	5
△(円)					

③ 次の □ にあてはまることばをかきましょう。

代金は買ったえん筆の数に比例して $\boxed{}$ 。

教科書 238〜239ページ

きほんの
ドリル
76。 活用

いつ会える？

時間 15分 ｜ 合格 80点 ／100 ｜ 月 日

サクッと
こたえ
あわせ

答え 95ページ

[表にかいて、1分間にどのように変化しているか、変わり方のきまりをみつけます。]

1 駅から学校までは 400m あります。

ひなさんは駅から学校に向かって分速 60m で、お姉さんは学校から駅に向かって分速 40m で、同時に出発しました。

2人は何分後に出会いますか。 📖教240ページ**1**、**2** 50点(表全部できて15・式15・答え10)

① 下の表のあいているところにあてはまる数をかいて、答えを求めましょう。

歩いた時間 　　　　(分)	0	1	2	3	4
ひなさんの歩いた道のり　(m)	0	60	120	180	
お姉さんの歩いた道のり　(m)	0	40	80		
2人あわせた道のり　　(m)	0	100			

答え （　　　　　）分後

② 駅から学校まで 2000m あるとすると、2人は何分後に出会いますか。

式

答え （　　　　　）分後

2 けいたさんが家を出て 12分たったとき、お母さんが、自転車でけいたさんのあとを追いかけました。けいたさんの速さは分速 60m、お母さんの速さは分速 240m です。

お母さんは何分後にけいたさんに追いつきますか。 📖教241ページ**3**、**4**

50点(表全部できて15・式15・答え10)

① 下の表のあいているところにあてはまる数をかいて、答えを求めましょう。

お母さんが走った時間　(分)	0	1	2	3	4
けいたさんの進んだ道のり(m)	720	780	840	900	
お母さんの進んだ道のり　(m)	0	240	480		
2人の間の道のり　　　(m)	720	540			

答え （　　　　　）分後

② けいたさんが家を出てから、30分後にお母さんが追いかけたとすると、何分後に追いつきますか。

式

答え （　　　　　）分後

きほんの
ドリル
77。

プログラミング

月　　日

サクッと
こたえ
あわせ

答え 96ページ

時間 15分　合格 80点 　／100

わくわくプログラミング

1 1辺が 5cm の正五角形の辺にそってロボットを動かすプログラムをつくりました。□にあてはまる数をかきましょう。　📖教242〜243ページ　　　20点(□1つ10)

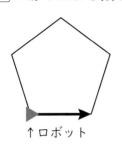
↑ロボット

まっすぐに □ cm 進む。
⬇
左に □ °回る。
くり返す。

2 ロボットを動かして下のような線をかきます。□にあてはまる数をかいて、プログラムをつくりましょう。　📖教242〜243ページ　　　40点(□1つ10)

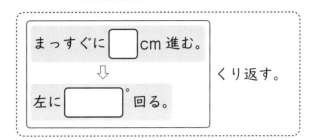
1cm
1cm

まっすぐに □ cm 進む。
⬇
左に □ °回る。
⬇
まっすぐに □ cm 進む。
⬇
左に □ °回る。
2回くり返す。

3 ロボットを動かして線をかきます。次のように命令したとき、どんな形になりますか。
　📖教242〜243ページ　　40点

まっすぐに 3cm 進む。
⬇
左に 60°回る。
6回くり返す。

3cm進んでから、
左回りに動くように
命令しているね。

(　　　　　　　　　　　　　)

教科書 📖 242〜243ページ

時間 15分 ｜ 合格 80点 ｜ /100

サクッと
こたえ
あわせ

答え 96ページ

月 日

体 積／分 数／平均とその利用
単位量あたりの大きさ

1 下のような立体の体積をくふうして求めましょう。図の数字の単位はすべて cm です。

40点(式10・答え10)

①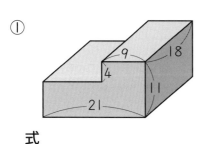

式

②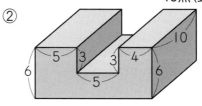

式

答え (　　　　　　　　　　)　　　答え (　　　　　　　　　　)

2 次の計算をしましょう。

30点(1つ5)

① $\dfrac{1}{8}+\dfrac{1}{4}$

② $\dfrac{1}{12}+\dfrac{3}{8}$

③ $1\dfrac{2}{5}+\dfrac{17}{20}$

(　　　　　)　　(　　　　　)　　(　　　　　)

④ $\dfrac{3}{4}-\dfrac{5}{7}$

⑤ $\dfrac{5}{6}-\dfrac{7}{12}$

⑥ $5\dfrac{1}{12}-1\dfrac{9}{16}$

(　　　　　)　　(　　　　　)　　(　　　　　)

3 右の表は、5年生女子の 50m 走の成績です。5年生女子全体のかかった時間の平均は何秒ですか。

10点(式5・答え5)

式

5年生女子の 50m 走の成績

	人数(人)	かかった時間の平均(秒)
1組女子	18	9.5
2組女子	12	10.0

答え (　　　　　　　　　　)

4 右の表は、A市とB市の人口と面積を表しています。A市とB市の人口密度を求めましょう。

20点(式5・答え5)

式　A市

　　B市

A市とB市の人口と面積

	人口(万人)	面積(km²)
A市	32	325
B市	23	210

答え　A市　約(　　　　　　　)　B市　約(　　　　　　　)

割　合／割合のグラフ

⭐1 問題集のねだんは 900 円、辞典のねだんは 1800 円です。　　30点(式10・答え5)

① 問題集のねだんは、辞典のねだんの何倍ですか。

式

答え（　　　　　）

② 問題集のねだんは、まんがのねだんの 2.5 倍です。
　まんがのねだんは、何円ですか。

式

答え（　　　　　）

⭐2 もとのねだんが 800 円のシャツが、そのねだんの 70%で売られています。
　代金は何円になりますか。　　　　　　　　　　　　　　　15点(式10・答え5)

式

答え（　　　　　）

⭐3 去年入学した 1 年生は 150 人で、今年入学した 1 年生は 180 人でした。
　今年入学した 1 年生は、去年入学した 1 年生の何%ですか。　15点(式10・答え5)

式

答え（　　　　　）

⭐4 下の表は、あるケーキ屋さんで売れたケーキの個数を、種類別に表したものです。

40点(①空らん1つ5、②20)

売れたケーキの個数

種類	ショートケーキ	チーズケーキ	モンブラン	その他	合計
個数(個)	50	42	27	41	160
割合(%)					100

① それぞれの売れた個数の割合を求め、上の表を完成
させましょう。

② 上の表を右の円グラフに表しましょう。

売れたケーキの個数の割合

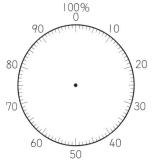

時間 15分 ｜ 合格 80点 ｜ /100 ｜ 月 日

円と正多角形／角柱と円柱（かくちゅう）（えんちゅう）／速 さ

サクッと
こたえ
あわせ
答え 96ページ

⭐1 次の長さを求めましょう。ただし、円周率を 3.14 とします。　　40点（式10・答え10）

① 直径 7cm の円周

式

② 円周 94.2cm の円の直径

式

答え （　　　　　　　　）　　　　答え （　　　　　　　　）

⭐2 下の立体の名前をかきましょう。　　　　　　　　　　10点（1つ5）

①

（　　　　　　　　）

②

（　　　　　　　　）

⭐3 底面が半径 2cm の円で、高さが 3cm の円柱の
てん開図をかきましょう。　　　　20点

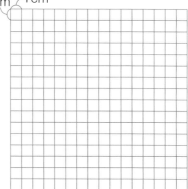
1cm 1cm

⭐4 次の速さ、道のり、時間を求めましょう。　　　　　30点（1つ10）

① 1.4 km を 40 秒間で飛ぶ鳥の秒速

（　　　　　　　　）

② 時速 4.2 km で歩く人が 50 分間に進む道のり

（　　　　　　　　）

③ 分速 450 m のスクーターが 1.8 km 進むのにかかる時間

（　　　　　　　　）

答え

● ドリルやテストが終わったら、うしろの
「がんばり表」に色をぬりましょう。
● まちがえたら、かならずやり直しましょう。
「考え方」もよみ直しましょう。

→1。 ① 整数と小数 ^{1ページ}

❶ ①10   ②10   ③10
④100   ⑤1000

❷ ①10倍…24.7   ②10倍…9
100倍…247   100倍…90
1000倍…2470   1000倍…900
③10倍…0.79
100倍…7.9
1000倍…79

❸ ①100倍   ②1000倍   ③10倍

❹ ①6.4   ②932   ③60

考え方 ❸ 小数点が右に何けた移っている
かを調べましょう。

→2。 ① 整数と小数 ^{2ページ}

❶ ①$\frac{1}{10}$ ②$\frac{1}{10}$ ③$\frac{1}{10}$
④$\frac{1}{100}$ ⑤$\frac{1}{1000}$

❷ ①$\frac{1}{10}$…16.74   ②$\frac{1}{10}$…3
$\frac{1}{100}$…1.674 $\frac{1}{100}$…0.3
$\frac{1}{1000}$…0.1674 $\frac{1}{1000}$…0.03
③$\frac{1}{10}$…8.79
$\frac{1}{100}$…0.879
$\frac{1}{1000}$…0.0879

❸ ①$\frac{1}{10}$ ②$\frac{1}{1000}$ ③$\frac{1}{100}$

❹ ①0.67   ②0.078   ③0.0425

考え方 ❸ ②小数点が左に3けた移って
います。

→3。 ② 体 積 ^{3ページ}

❶ 1cm³、1立方センチメートル

❷ ①[1辺]×[1辺]×[1辺]
②[たて]×[横]×[高さ]

❸ ①式 6×6×6=216   答え 216cm³
②式 7×7×7=343   答え 343cm³
③式 5×10×6=300   答え 300cm³
④式 8×7×9=504   答え 504cm³

❹ ①式 10×10×10=1000
答え 1000cm³
②式 2×8×10=160   答え 160cm³

考え方 ❹ 公式にあてはめて求めます。

→4。 ② 体 積 ^{4ページ}

❶ ① 式 20×20×20=8000
答え 8000cm³
② 式 40×20×10=8000
答え 8000cm³

❷ ① 式 8×4×5=160
8×14×3=336
160+336=496
答え 496cm³
② 式 8×14×8=896
8×10×5=400
896−400=496
答え 496cm³

❸ 式 24×24×9=5184
18×6×9=972
5184−972=4212
答え 4212cm³

考え方 ❶ 容積も、たて×横×高さで求
められます。
❸ (大きい直方体の体積)−(小さい直方
体の体積)で求めるとよいです。

81

→ 5。② 体 積 〔5ページ〕

1 ① 式 $5\times5\times5=125$　答え $125m^3$
　② 式 $5\times6\times3=90$　答え $90m^3$

2 $100\ cm\times\boxed{100}\ cm\times\boxed{100}\ cm$
　　$=\boxed{1000000}\ cm^3$
　　$1m^3=\boxed{1000000}\ cm^3$

3 ①4000000　　②600000
　　③3.6　　④0.3

考え方 **1** 長さの単位が m です。

→ 6。② 体 積 〔6ページ〕

1

1 辺の長さ	1cm	-	10cm	1m
正方形の面積	1cm²	-	100cm²	1m²
立方体の体積	1cm³ 1(mL)	100cm³ 1(dL)	1000(cm³) 1 (L)	1m³ 1(kL)

2 100、1000、1000、$\dfrac{1}{10}$

3 ①0.9　　②3
　　③400　　④500
　　⑤7.6　　⑥0.8

考え方 **3**

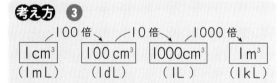

→ 7。② 体 積 〔7ページ〕

1 ① 式 $8\times10\times5+8\times5\times3$
　　　　$=400+120=520$
　　　　　　　答え $520cm^3$
　② 式 $15\times18\times10-15\times10\times4$
　　　　$=2700-600=2100$
　　　　　　　答え $2100cm^3$

2 ①2、1、内のり、4
　　②5、8、4、160

おうちのかたへ **1**の複雑な立体の体積を求めるには、「いくつかに分けて求める方法」、「いったんへこんでいる部分があるものとして計算し、あとでへこんでいる部分の体積をひく方法」などがあります。

→ 8。③ 比 例 〔8ページ〕

1 ①

高さ(cm)	1	2	3	4	5
体積(cm³)	24	48	72	96	120

　②3倍　　　③比例する

2 ①

本数(本)	1	2	3	4	5	6	7
代金(円)	40	80	120	160	200	240	280

　②2倍　　　③4倍
　④ 式 $40\times8=320$
　　　　　　　答え 320 円

→ 9。④ 小数のかけ算 〔9ページ〕

1 ①3.2
　②⑦3、12、12、192　　答え 192
　　④32、32、192　　　答え 192
　　⑦192　　　　　　　答え 192

2 ①62　　②126　　③212
　　④110　　⑤54　　⑥91

3 式 $70\times1.2=84$　　答え 84 円

4 あ、え

考え方 **2** かける数を 10 倍して計算し、積を 10 でわります。
　①$20\times3.1=2\times31=62$
　　または、$20\times3.1=20\times31\div10=62$
4 かける数>1 → 積>かけられる数
　かける数<1 → 積<かけられる数

→ 10。④ 小数のかけ算 〔10ページ〕

1 ①0.18　　②0.96　　③20
　　④0.096　　⑤0.014

2 式 $0.9\times0.7=0.63$　　答え 0.63kg

3 ①　　1.9　　　②　　2.9　　　③　　4.2
　　　×3.5　　　　　×3.6　　　　　×5.2
　　　　9 5　　　　　1 7 4　　　　　　8 4
　　　5 7　　　　　8 7　　　　　2 1 0
　　　6.6 5　　　1 0.4 4　　　2 1.8 4

　　④　0.96　　⑤　0.47　　⑥　　3.6
　　　× 1.8　　　× 6.5　　　×0.67
　　　　7 6 8　　　2 3 5　　　　2 5 2
　　　　9 6　　　2 8 2　　　2 1 6
　　1.7 2 8　　3.0 5 5　　　2.4 1 2

11. ④ 小数のかけ算 11ページ

1

① 3.6×0.75
```
   3.6
× 0.75
  180
 252
2.7 0 0
```

② 0.18×0.26
```
  0.18
× 0.26
  108
  36
0.0 4 6 8
```

③ 4.8×0.85
```
  4.8
× 0.85
  240
 384
4.0 8 0
```

④ 0.75×3.8
```
  0.75
×   3.8
  600
 225
2.8 5 0
```

⑤ 0.31×0.24
```
  0.31
× 0.24
  124
  62
0.0 7 4 4
```

⑥ 0.37×0.14
```
  0.37
× 0.14
  148
  37
0.0 5 1 8
```

⑦ 0.03×0.19
```
  0.03
× 0.19
   27
   3
0.0 0 5 7
```

⑧ 0.07×3.26
```
  0.07
× 3.26
   42
  14
  21
0.2 2 8 2
```

⑨ 18×3.14
```
   18
× 3.14
   72
   18
  54
5 6.5 2
```

⑩ 0.09×1.68
```
  0.09
× 1.68
   72
  54
  9
0.1 5 1 2
```

12. ④ 小数のかけ算 12ページ

1 ① 式 $\boxed{4.7} \times \boxed{0.4} = \boxed{1.88}$

　　　　　　　　答え $\boxed{1.88}$ m²

② 470、40、18800、10000、1.88

2 ① 式 $13.6 \times 2.5 = 34$　答え　34cm²

② 式 $7.5 \times 7.5 = 56.25$

　　　　　　　　答え　56.25m²

3 ① 式 $3.5 \times 3.5 \times 3.5 = 42.875$

　　　　　　　　答え　42.875m³

② 式 $12.5 \times 1.6 \times 4 = 80$

　　　　　　　　答え　80cm³

考え方 長方形の面積 ＝ たて × 横

　　　　正方形の面積 ＝ 1辺 × 1辺

　　　　直方体の体積 ＝ たて × 横 × 高さ

　　　　立方体の体積 ＝ 1辺 × 1辺 × 1辺

13. ④ 小数のかけ算 13ページ

1 ①3.2　　②4　　　③0.2、0.6

④6.4、10

---

2 ①$(5.7+4.3)+6.9=10+6.9=16.9$

②$3.8 \times (4 \times 5) = 3.8 \times 20 = 76$

③$(7.4+2.6) \times 4.2 = 10 \times 4.2 = 42$

④$(6.7-0.7) \times 2.5 = 6 \times 2.5 = 15$

⑤$2.2 \times (10-1) = 22 - 2.2 = 19.8$

⑥$(4-0.2) \times 4 = 16 - 0.8 = 15.2$

考え方 **2** ① たす順序（じゅんじょ）をかえても、和は同じです。

② かける順序をかえても、積は同じです。

③■×●＋▲×●＝（■＋▲）×●

④■×●－▲×●＝（■－▲）×●

14. ④ 小数のかけ算 14ページ

1 ①0.49　　②0.54　　③2.4

④20　　　⑤0.112　　⑥0.054

2 ① 1.7×2.4
```
   1.7
× 2.4
  68
 34
4.0 8
```

② 3.6×4.9
```
   3.6
× 4.9
 324
144
1 7.6 4
```

③ 7.5×4.5
```
   7.5
× 4.5
 375
300
3 3.7 5
```

④ 0.38×3.4
```
  0.38
×   3.4
 152
114
1.2 9 2
```

⑤ 0.52×5.3
```
  0.52
×   5.3
 156
260
2.7 5 6
```

⑥ 5.9×0.28
```
   5.9
× 0.28
 472
118
1.6 5 2
```

3 式 $4.2 \times 3.2 = 13.44$

　　　　　　　　答え　13.44m²

4 式 $12.5 \times 6 \times 2.8 = 210$

　　　　　　　　答え　210cm³

おうちのかたへ 小数点の位置を間違えないようにしましょう。

15. ⑤ 小数のわり算 15ページ

1 ①2.8

②10、28、30　　　　　　答え　30

2 ①10、3、30

②10、0.4、360、4、90

③10、1.6、80、16、5

④30、10、300、15、20

3 式 $480 \div 0.4 = 1200$

　　　　　　　　答え　1200g

4 あ、お

考え方 ④ わる数が｜より小さいと、商はわられる数より大きくなります。反対に、わる数が｜より大きいと、商はわられる数より小さくなります。

わる数＜｜ → 商＞わられる数
わる数＞｜ → 商＜わられる数

---

16. ⑤ 小数のわり算　16ページ

❶ ①6　②0.4　③0.6
④0.6　⑤48　⑥0.5

❷ 式　5.6÷0.4=14

答え　14本

❸ ①
```
        2.6
1.8)4.6.8
     36
    108
    108
      0
```
②
```
        2.6
3.2)8.3.2
     64
    192
    192
      0
```

③
```
        3.4
5.2)17.6.8
    156
    208
    208
      0
```
④
```
          86
0.04)3.44
      32
      24
      24
       0
```

⑤
```
         25
0.42)10.50
      84
     210
     210
       0
```
⑥
```
         20
0.55)1100
     110
       0
```

考え方 ❶ ③0.78÷1.3
　　　=(0.78×10)÷(1.3×10)
　　　=7.8÷13
　　　=0.6
❸ ⑤、⑥わられる数に0をつけたします。

---

17. ⑤ 小数のわり算　17ページ

❶ ①
```
        0.42
4.5)1.8.9
    180
     90
     90
      0
```
②
```
        0.45
3.6)1.6.2
    144
    180
    180
      0
```

---

③
```
        0.75
3.6)2.7
    252
    180
    180
      0
```
④
```
        1.25
0.8)10
     8
     20
     16
     40
     40
      0
```

⑤
```
          2.4
3.45)8.28
     690
    1380
    1380
       0
```
⑥
```
          2.5
1.56)3.90
     312
     780
     780
       0
```

❷ 式　2.1÷2.5=0.84　　　答え　0.84kg
❸ 式　21.6÷4.5=4.8　　　答え　4.8cm

考え方 ❸ 横の長さ＝面積÷たての長さ

---

18. ⑤ 小数のわり算　18ページ

❶ ①
```
         6
        4.55
0.9)4.1
    36
    50
    45
    50
    45
     5
```
②
```
         6
        7.57
0.7)5.3
    49
    40
    35
    50
    49
     1
```

③
```
        1.23
5.3)6.5.2
    53
    122
    106
    160
    159
      1
```
④
```
         25.80
0.31)800
     62
    180
    155
    250
    248
     20
```

⑤
```
         7
        0.65
4.8)3.1.6
    288
    280
    240
     40
```
⑥
```
         6.54
0.62)4.06
     372
     340
     310
     300
     248
      52
```

❷ 式　44.5÷3.5=12.7\　答え　12.7km

考え方 ❶ ⑤一の位に商がたたないときは、「0.」とかくことをわすれないようにしましょう。

19. ⑤ 小数のわり算 19 ページ

❶ ①
```
      5
3.5)19.4
    17 5
     1.9
```
②
```
      34
2.4)83.0
    7 2
    1 1 0
      9 6
      1.4
```
商 5、余り 1.9　　商 34、余り 1.4

③
```
     2
3.2)8.0.4
    6 4
    1.64
```
④
```
     7
0.5)3.7.4
    3 5
    0.24
```
商 2、余り 1.64　　商 7、余り 0.24

① 確かめ　3.5×5+1.9=19.4
② 確かめ　2.4×34+1.4=83
③ 確かめ　3.2×2+1.64=8.04
④ 確かめ　0.5×7+0.24=3.74

❷ 式　4÷0.3=13 余り 0.1

答え　13 本できて 0.1L 余る。

考え方 わる数×商＋余り＝わられる数 で答えの確かめをします。

20. ⑤ 小数のわり算 20 ページ

❶ ① 式　□+0.3=1.5
　　　　□=1.5−0.3=1.2　答え 1.2kg
② 式　□−0.4=1.1
　　　　□=1.1+0.4=1.5　答え 1.5L
③ 式　□×1.6=5.6
　　　　□=5.6÷1.6=3.5　答え 3.5m

❷ ① 式　□=8.6−2.7=5.9　答え　5.9
② 式　□=1.8+4.3=6.1　答え　6.1
③ 式　□=5.4÷0.9=6　　答え　6
④ 式　□=2.5×1.4=3.5　答え　3.5

21. ⑤ 小数のわり算 21 ページ

❶ ①5　　②9　　③40　　④0.2

❷ ①
```
      3.2
2.6)8.3.2
    7 8
      5 2
      5 2
        0
```
②
```
       0.55
3.2)1.7.6
    1 6 0
      1 6 0
          0
```

③
```
       9
0.29)2.61
     2 61
        0
```
④
```
        8
0.85)6.80
     6 80
        0
```
⑤
```
        6.1
0.63)3.84.3
     3 78
       6 3
       6 3
         0
```
⑥
```
       3.75
2.4)90
    7 2
    1 8 0
    1 6 8
      1 2 0
      1 2 0
          0
```

❸ ①
```
      1.35
3.2)4.3.5
    3 2
    1 1 5
      9 6
      1 9 0
      1 6 0
        3 0
```
②
```
       2.11
2.3)4.8.6
    4 6
      2 6
      2 3
        3 0
        2 3
          7
```
③
```
       21.21
0.33)700
     6 6
       4 0
       3 3
         7 0
         6 6
           4 0
           3 3
             7
```

❹ あ、う

❺ 式　16.5÷1.7=9 余り 1.2

答え　9 ふくろできて 1.2kg 余る。

おうちのかたへ 余りの小数点の位置に注意します。

22. ⑥ 割合(1) 22 ページ

❶ ① 式　1.8÷1.5=1.2　　答え　1.2 倍
② 式　1.8÷2.4=0.75　答え 0.75 倍
③ 式　1.8×0.6=1.08　答え　1.08m

❷ 式　7.2÷0.6=12

答え　12m

❸ 式　20.8÷3.2=6.5

答え　6.5kg

考え方 ❷ □×0.6=7.2、□=7.2÷0.6
　　　　❸ □×3.2=20.8、□=20.8÷3.2

❶ 0.6、0.2
式 800×(0.6×⌈0.2⌉)
=800×⌈0.12⌉=⌈96⌉ 答え 96m²

❷ ① 青、黄、赤
② 式 7×(1.5×3.4)=7×5.1=35.7
答え 35.7cm
③ 式 25.5÷(1.5×3.4)
=25.5÷5.1=5 答え 5cm

❶ ①頂点D ②辺DF ③角E
❷ ①6cm ②60°
❸ あと⑤、①と②
❹ 三角形ADC、三角形BAD、三角形BCD

考え方 ❷ 辺DCに対応する辺は辺HGです。

❶ ①AC ②B ③B、C
❷ ①
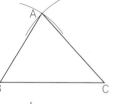
②
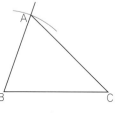
③
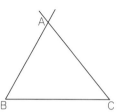

考え方 三角形は、次の辺の長さや角の大き
さがわかればかくことができます。
①3つの辺の長さ
②2つの辺の長さと、その間の角の大きさ
③1つの辺の長さと、その両はしの角の
大きさ

❶ ①
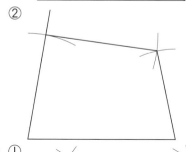
②
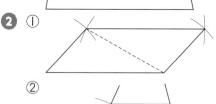

❷ ①
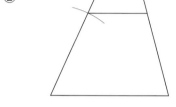
②

考え方 ❷ ① 平行四辺形の向かい合う辺
の長さは等しいので、図の上の辺の長さは
4cm、右の辺の長さは2cmです。
また、向かい合う辺が平行であることから、
三角定規を利用して平行な線をひいてかく
こともできます。

❶ ①あ50° ②①65°
③⑤105°、②75°
❷ ①あ60° ②①130°、⑤25°
❸ あ40° ①60° ⑤80°

考え方 ❷ ① 正三角形の3つの角の大き
さは等しいので、180°÷3=60°になり
ます。②二等辺三角形の2つの角は等し
いので、⑤の角の大きさは25°です。
❸ 平行四辺形は、対角線で合同な2つ
の三角形に分けることができます。

28. ⑦ 合同な図形 28ページ

❶ ①180°×2=360°　答え 360°
　②180°×4-360°=360°
　　　　　　　　　答え 360°

❷ ⑤130°　　ⓘ90°　　⑤90°

❸ ①⑦

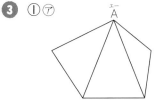

　②⑦3つ　　　　　　ⓘ4つ
　③⑦540°　　　　　　ⓘ720°

【考え方】❸ ③⑦三角形が3つあるから、
180°×3=540°、ⓘ180°×4=720°

29. もう1回！ もう1回！ 29ページ

❶ ①
だんの数(だん)	1	2	3	4	5	6	7
まわりの長さ(cm)	4	8	12	16	20	24	28

　②40cm　　　　　③21だん

❷ ①
だんの数(だん)	1	2	3	4	5	6
ストローの数(本)	3	9	18	30	45	63

　② 式 3×(1+2+3+4+5+6+7)=84
　　　　　　　　　　答え 84本

【考え方】❶ ① まわりの長さ=だんの数×4

30. 整数と小数／体積 30ページ

❶ ①6　　②5648　　③0.05648

❷ ①100倍　　②$\frac{1}{100}$

❸ ① 式 10-5=5、20×20×5=2000
　　　20×8×5=800
　　　2000+800=2800
　　　　　　　　答え 2800cm³
　② 式 40×15×5=3000
　　　30×5×5=750
　　　3000-750=2250
　　　　　　　　答え 2250cm³

【おうちのかたへ】❸ ②大きい直方体の体積から、
小さい直方体の体積をひくとよいです。

31. 小数のかけ算 31ページ

❶
```
 ①   2.4    ②   3.8    ③   6.3
    ×1.6       ×4.7       ×2.8
    ────       ────       ────
    1 4 4      2 6 6      5 0 4
    2 4        1 5 2      1 2 6
    ──────     ──────     ──────
    3.8 4      1 7.8 6    1 7.6 4
```
```
 ④   3.8    ⑤  0.85    ⑥  0.08
   ×0.46       × 7.2      ×3.14
   ─────       ─────      ─────
   2 2 8       1 7 0         3 2
   1 5 2       5 9 5          8
   ──────      ──────      2 4
   1.7 4 8     6.1 2 0    ──────
                          0.2 5 1 2
```

❷ ①24　　　　②4、1.9

❸ ①4.7+3.2+0.8=4.7+4=8.7
　②5.2×1.2×5=5.2×6=31.2
　③99×1.6=(100-1)×1.6
　　　　　=160-1.6=158.4
　④64×1.1=64×(1+0.1)
　　　　　=64+6.4=70.4

❹ 式 0.8×0.7=0.56　　答え 0.56kg

32. 小数のわり算／合同な図形 32ページ

❶
```
 ①        1.3         ②        1.6
   2.5)3.2.5             3.4)5.4.4
       2 5                   3 4
       ───                   ───
       7 5                   2 0 4
       7 5                   2 0 4
       ───                   ─────
         0                       0
```
```
 ③        1.3         ④       0.45
   2.8)3.6.4             3.4)1.5.3
       2 8                   1 3 6
       ───                   ─────
         8 4                   1 7 0
         8 4                   1 7 0
       ─────                 ─────
           0                       0
```
```
 ⑤         3.2        ⑥         3.5
   1.65)5.2 8           3.18)1 1.1 3
        4 9 5                9 5 4
        ─────                ─────
          3 3 0              1 5 9 0
          3 3 0              1 5 9 0
        ─────               ──────
              0                    0
```

❷ ①商5、余り3　　　②商1、余り2.91

❸ ①(例)

　②(例)
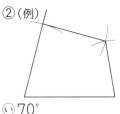

❹ ⑤85°　　　　　　ⓘ70°

おうちの
かたへ

2 余りの小数点の位置に注意しましょう。わられる数のもとの小数点と同じところに打ちます。

3 辺の長さや角の大きさを正確に測ってかきましょう。

33. ⑧ 整 数 （33ページ）

❶ ①△　②○　③△　④△　⑤○

❷ 4、8、12、16

❸
2の倍数　0 1 ②3 ④5 ⑥7 8 9 ⑩11 ⑫13 14 15 ⑯17 18 19 ⑳
3の倍数　0 1 2 ③4 5 ⑥7 8 ⑨10 11 ⑫13 14 ⑮16 17 ⑱19 20
5の倍数　0 1 2 3 4 ⑤6 7 8 9 ⑩11 12 13 14 ⑮16 17 18 19 ⑳

❹ 2と3の公倍数…6、12、18
　 2と3の最小公倍数…6

❺ 2と5の公倍数…10、20
　 2と5の最小公倍数…10

考え方 **2** $4×1=4$、$4×2=8$、$4×3=12$、$4×4=16$　になります。

34. ⑧ 整 数 （34ページ）

❶ ①12、24、36　②24、48、72

❷ ①公倍数 20、40、60
　　最小公倍数 20
　 ②公倍数 36、72、108
　　最小公倍数 36
　 ③公倍数 30、60、90
　　最小公倍数 30
　 ④公倍数 54、108、162
　　最小公倍数 54

❸ 12cm

❹ (午前)7時30分

考え方 **3** つなぎ目が同じところにできるのは、6と4の公倍数のところです。
4 電車とバスは6と10の公倍数ごとに同時に発車します。

35. ⑧ 整 数 （35ページ）

❶ 1、3、9

❷ 24の約数 ①2③4⑤6 7 8 9 10 11 ⑫13 14 15 16 17 18 19 20 21 22 23 ㉔

❸ ㋐の約数 1、2、3、6、9、18
　 ㋑の約数 1、17
　 ㋒の約数 1、3、7、21

❹
20の約数 ①2 3 ④5 6 7 8 9 ⑩11 12 13 14 15 16 17 18 19 ⑳
16の約数 ①2③4 5 6 7 ⑧9 10 11 12 13 14 15 ⑯

　20と16の公約数…1、2、4

❺ 3

考え方 **2** 1と24も24の約数です。
5
12の約数 ①②③④5 ⑥7 8 9 10 11 ⑫
15の約数 ①2 3 4 ⑤6 7 8 9 10 11 12 13 14 ⑮

36. ⑧ 整 数 （36ページ）

❶ 16の約数 1、2、4、8、16
　 24の約数 1、2、3、4、6、8、12、24
　 16と24の公約数 1、2、4、8
　 16と24の最大公約数 8

❷ ①公約数 1、2　　　最大公約数 2
　 ②公約数 1、3　　　最大公約数 3
　 ③公約数 1　　　　最大公約数 1

❸ 1、2、4

❹ 4cm

❺ 7人

考え方 **4** 12と16の最大公約数が、余りが出ない、いちばん大きな1辺の長さです。

37. ⑨ 分 数 （37ページ）

❶ ① $\dfrac{1}{2}=\dfrac{2}{4}=\dfrac{3}{6}=\dfrac{4}{8}$
　 ② $\dfrac{6}{12}=\dfrac{3}{6}=\dfrac{2}{4}=\dfrac{1}{2}$

❷ ①6　②7　③3　④6　⑤21、24

❸ ① $\dfrac{8}{10}$、$\dfrac{4}{5}$　② $\dfrac{5}{20}$、$\dfrac{1}{4}$　③ $\dfrac{11}{33}$、$\dfrac{1}{3}$

考え方 **3** ③分母も分子も両方ともわり切ることができる数は、2と11と22です。

38. ⑨ 分 数 （38ページ）

❶ ① $\dfrac{5}{10}=\dfrac{5÷5}{10÷5}=\dfrac{1}{2}$
　 ② $\dfrac{8}{10}=\dfrac{8÷2}{10÷2}=\dfrac{4}{5}$

❷ $\dfrac{18}{24}=\dfrac{9}{12}=\dfrac{3}{4}$ ⇨ $\dfrac{18}{24}$

③ ① $\dfrac{1}{2}$　② $\dfrac{2}{5}$　③ $\dfrac{7}{8}$　④ $\dfrac{1}{9}$　⑤ $\dfrac{5}{6}$

⑥ $\dfrac{1}{4}$　⑦ $\dfrac{13}{24}$　⑧ $\dfrac{3}{4}$　⑨ $\dfrac{1}{3}$　⑩ $\dfrac{2}{3}$

考え方 ③ ⑨11で約分できます。

39. ⑨ 分 数 39ページ

① ① $\dfrac{3}{4} = \dfrac{\boxed{9}}{12}$　$\dfrac{2}{3} = \dfrac{\boxed{8}}{12}$

大きいほうの分数は、$\dfrac{\boxed{3}}{\boxed{4}}$

② $\dfrac{5}{6} = \dfrac{\boxed{15}}{\boxed{18}}$　$\dfrac{2}{9} = \dfrac{\boxed{4}}{\boxed{18}}$

大きいほうの分数は、$\dfrac{\boxed{5}}{\boxed{6}}$

② ① 通分 $\dfrac{1}{8}$、$\dfrac{2}{8}$　式 $\dfrac{1}{8} < \dfrac{1}{4}$

② 通分 $\dfrac{4}{20}$、$\dfrac{15}{20}$　式 $\dfrac{1}{5} < \dfrac{3}{4}$

③ 通分 $\dfrac{6}{9}$、$\dfrac{4}{9}$　式 $\dfrac{2}{3} > \dfrac{4}{9}$

④ 通分 $\dfrac{2}{24}$、$\dfrac{15}{24}$　式 $\dfrac{1}{12} < \dfrac{5}{8}$

③ ① $\dfrac{8}{20}$、$\dfrac{10}{20}$、$\dfrac{15}{20}$　② $\dfrac{10}{36}$、$\dfrac{8}{36}$、$\dfrac{3}{36}$

考え方 ① 分母が同じとき、分子の大きいほうの分数が大きくなります。

40. ⑨ 分 数 40ページ

① ① $\dfrac{8}{12} + \dfrac{9}{\boxed{12}} = \dfrac{\boxed{17}}{\boxed{12}}$

② $\dfrac{5}{30} + \dfrac{9}{30} = \dfrac{\boxed{14}}{30} = \dfrac{\boxed{7}}{15}$

③ $\dfrac{9}{12} - \dfrac{8}{\boxed{12}} = \dfrac{\boxed{1}}{12}$　④ $\dfrac{\boxed{3}}{6} - \dfrac{1}{6} = \dfrac{\boxed{2}}{6} = \dfrac{\boxed{1}}{3}$

② ① $\dfrac{7}{12}$　② $\dfrac{19}{24}$　③ $\dfrac{2}{3}$　④ $\dfrac{49}{36}\left(1\dfrac{13}{36}\right)$

⑤ $\dfrac{23}{42}$　⑥ $\dfrac{1}{2}$　⑦ $\dfrac{17}{24}$　⑧ $\dfrac{2}{3}$

③ ① $\dfrac{4}{5} - \dfrac{8}{15} + \dfrac{1}{9} = \dfrac{\boxed{12}}{15} - \dfrac{8}{15} + \dfrac{1}{9}$

$= \dfrac{\boxed{4}}{15} + \dfrac{1}{9} = \dfrac{\boxed{12}}{45} + \dfrac{5}{45} = \dfrac{17}{45}$

② $\dfrac{4}{5} - \dfrac{8}{15} + \dfrac{1}{9} = \dfrac{\boxed{36}}{45} - \dfrac{\boxed{24}}{45} + \dfrac{5}{45} = \dfrac{17}{45}$

考え方 ② 約分をわすれないようにします。

41. ⑨ 分 数 41ページ

① ① $\dfrac{19}{6} + \dfrac{\boxed{3}}{2} = \dfrac{19}{6} + \dfrac{\boxed{9}}{6} = \dfrac{\boxed{28}}{6} = \dfrac{\boxed{14}}{3}$

② $(\boxed{3} - \boxed{1}) + \left(\dfrac{1}{6} - \dfrac{1}{2}\right) = \boxed{2} + \dfrac{1}{6} - \dfrac{\boxed{3}}{6}$

$= 1\dfrac{3}{6} + \dfrac{1}{6} = 1\dfrac{\boxed{4}}{6} = 1\dfrac{\boxed{2}}{3}$

② ① $\dfrac{140}{33}\left(4\dfrac{8}{33}\right)$　② $\dfrac{58}{9}\left(6\dfrac{4}{9}\right)$

③ $\dfrac{133}{24}\left(5\dfrac{13}{24}\right)$　④ $\dfrac{97}{30}\left(3\dfrac{7}{30}\right)$

⑤ $\dfrac{17}{10}\left(1\dfrac{7}{10}\right)$　⑥ $\dfrac{71}{18}\left(3\dfrac{17}{18}\right)$

③ ① 9　② 3

④ ① $\dfrac{1}{3}$　② $\dfrac{2}{3}$　③ $\dfrac{3}{7}$

④ $\dfrac{7}{4}\left(1\dfrac{3}{4}\right)$　⑤ $\dfrac{13}{6}\left(2\dfrac{1}{6}\right)$

考え方 ② ⑤ $3\dfrac{8}{15} - 1\dfrac{5}{6}$

$= 3 - 1 + \dfrac{16}{30} - \dfrac{25}{30} = 2 + \dfrac{16}{30} - \dfrac{25}{30}$

ここで、$\dfrac{16}{30}$から$\dfrac{25}{30}$はひけないので、

$2 - \dfrac{25}{30}$ をして、$1\dfrac{5}{30} + \dfrac{16}{30}$ とします。

42. ⑨ 分 数 42ページ

① ①0.8　②0.125　③0.15　④3.5

② ①0.44　②0.92　③0.56　④1.18

③ ① $\dfrac{1}{10}$　② $\dfrac{7}{10}$

③ $\dfrac{21}{100}$　④ $\dfrac{27}{1000}$

④ ① $\dfrac{4}{1}$　② $\dfrac{16}{1}$　③ $\dfrac{21}{1}$　④ $\dfrac{50}{1}$

⑤ 1.8、$1\dfrac{3}{4}$、$\dfrac{3}{2}$、$\dfrac{6}{5}$、0.9、$\dfrac{7}{10}$

考え方 ⑤ 分数を小数になおすと、くらべやすくなります。

43. ⑨ 分 数 43ページ

① 5、6、$\dfrac{5}{6}$、7、6、$\dfrac{7}{6}\left(1\dfrac{1}{6}\right)$

② ① 式 $5 \div 3 = \dfrac{5}{3}$　　答え $\dfrac{5}{3}\left(1\dfrac{2}{3}\right)$倍

② 式 $3 \div 5 = \dfrac{3}{5}$　　答え $\dfrac{3}{5}$倍

3 ① 式 $21 \div 28 = \dfrac{21}{28} = \dfrac{3}{4}$　答え　$\dfrac{3}{4}$倍

　② 式 $28 \div 21 = \dfrac{28}{21} = \dfrac{4}{3}$

　　　　　　答え　$\dfrac{4}{3}\left(1\dfrac{1}{3}\right)$

44. ⑩ 面 積
44
ページ

1 ① 式 $6 \times 8 \div 2 = 24$　答え　24cm^2
　② 式 $6 \div 2 = 3$、$3 \times 8 = 24$
　　　　　　答え　24cm^2
2 ① 式 $7 \times 4 \div 2 = 14$　答え　14cm^2
　② 式 $6 \times 3.5 \div 2 = 10.5$
　　　　　　答え　10.5cm^2
　③ 式 $10 \times 4 \div 2 = 20$　答え　20cm^2

45. ⑩ 面 積
45
ページ

1 ① 式 $8 \times 6 = 48$　　　答え　48cm^2
　② 式 $7 \times 5 = 35$　　　答え　35cm^2
2 ① 式 $5 \times 3 = 15$　　　答え　15cm^2
　② 式 $3 \times 5 = 15$　　　答え　15cm^2
　③ 式 $3 \times 4.5 = 13.5$
　　　　　　答え　13.5cm^2
　④ 式 $4 \times 6 = 24$　　　答え　24cm^2

46. ⑩ 面 積
46
ページ

1 ① 式 $4 \times 6 \div 2 = 12$　答え　12cm^2
　② 式 $3 \times 6 = 18$　　　答え　18cm^2
2 ① 式 $3 \times 4 \div 2 = 6$　　答え　6cm^2
　② 式 $4 \times 4.5 \div 2 = 9$　答え　9cm^2
　③ 式 $1.5 \times 4 = 6$　　　答え　6cm^2
　④ 式 $3.5 \times 4 = 14$　　答え　14cm^2
3 ①$14\text{cm}^2$　②$14\text{cm}^2$　③$14\text{cm}^2$

考え方 **2** ①底辺は 3cm、高さは 4cm
　3 底辺の長さが等しく、高さも等しい三
角形の面積は同じです。

47. ⑩ 面 積
47
ページ

1 ① 式 $(2+6) \times 3 \div 2 = 12$
　　　　　　答え　12cm^2
　② 式 $(3+8) \times 2 \div 2 = 11$
　　　　　　答え　11cm^2
2 ① 式 $6 \times 14 \div 2 = 42$　答え　42cm^2
　② 式 $6 \times 3 \div 2 = 9$　　答え　9cm^2

考え方 台形の面積の公式にも、ひし形の面
積の公式にも、「÷2」がつきます。

48. ⑩ 面 積
48
ページ

1 ① 式 $8 \times 2 \div 2 = 8$、$8 \times 3 \div 2 = 12$
　　　　$8 + 12 = 20$　　答え　20cm^2
　② 式 $5 \times 2 \div 2 = 5$、$5 \times 4 \div 2 = 10$
　　　　$6 \times 7 \div 2 = 21$、$5 + 10 + 21 = 36$
　　　　　　答え　36cm^2
2 ① 式 $8 \times 3 \div 2 = 12$、$8 \times 4.5 \div 2 = 18$
　　　　$12 + 18 = 30$　　答え　30m^2
　② 式 $13 \times 4 \div 2 = 26$、
　　　　$10 \times 12 \div 2 = 60$、$26 + 60 = 86$
　　　　　　答え　86cm^2
　③ 式 $10 \times 4 \div 2 = 20$、
　　　　$(4+10) \times 6 \div 2 = 42$、
　　　　$20 + 42 = 62$　　答え　62cm^2

考え方 **1** 2つか3つの三角形に分けます。

49. ⑩ 面 積
49
ページ

1 ①

高さ(cm)	1	2	3	4	5	6	7
面積(cm²)	4	8	12	16	20	24	28

②$4\text{cm}^2$ ずつ増える。
③2倍、3倍になる。　　④$48\text{cm}^2$
2 ①

底辺(cm)	1	2	3	4	5	6	7
面積(cm²)	3	6	9	12	15	18	21

②$3\text{cm}^2$ ずつ増える。
③2倍、3倍になる。　　④$60\text{cm}^2$

考え方 **1** 高さが2倍、3倍になると、
面積がどうなるかを調べます。

50. ⑪ 平均とその利用
50
ページ

1 式 $(64 + 61 + 63 + 60) \div 4 = 62$
　　　　　　答え　62g
2 ① 式 $(72 + 75 + 68 + 69) \div 4 = 71$
　　　　　　答え　71g
　② 式 $71 \times 10 = 710$
　　　　　　答え　710g

③ 式 $90.5×20+94.0×15=3220$
　　$20+15=35$
　　$3220÷35=92$ 　　**答え　92点**

考え方 **③** １組と２組の女子のそれぞれの合計点は、平均点に人数をかけたものになります。１組と２組の合計点の和を、女子全員の人数（20＋15）でわれば、女子全体の平均点が求められます。

51. ⑪ 平均とその利用　51ページ

① ① 式 $(6.32+6.26+6.33+6.34+6.3)÷5=6.31$
　　$6.31÷10=0.631→0.63$
　　　　　　答え　約0.63m

② 式 $0.63×70=44.1→44$
　　　　　　答え　約44m

② ① 式 $(51-50)+(54-50)+(55-50)+(57-50)+(53-50)=20$
　　　　　　答え　20g

② 式 $20÷5=4$ 　　**答え　4g**

③ 式 $50+4=54$ 　　**答え　54g**

考え方 **②** ③50gとの差の平均を、50にたして求めます。

52. ⑫ 単位量あたりの大きさ　52ページ

① ①A室 式 $10÷16=0.625$
　　　　　　答え　0.625人
　　B室 **式** $4÷8=0.5$ 　**答え　0.5人**
②A室 式 $16÷10=1.6$
　　　　　　答え　1.6まい
　　B室 **式** $8÷4=2$ 　　**答え　2まい**
③多い、少ない、B、A

② 式 青い自動車 $310÷25=12.4$
　　赤い自動車 $225÷18=12.5$
　　$12.5-12.4=0.1$
　　　　答え　赤い自動車が0.1km 長い。

考え方 ガソリン１Ｌあたりで走れる道のりのように、「単位量あたりの大きさ」をくらべます。

53. ⑫ 単位量あたりの大きさ　53ページ

① ① 式 $1850000÷264=7007.5…$
　　　　答え　1km² あたり約7008人
② 式 $1230000÷207=5942.0…$
　　　　答え　1km² あたり約5942人
③Ａ市

② 式 Ａ $10500÷3=3500$
　　Ｂ $13000÷4=3250$
　　Ｃ $25500÷6=4250$ 　**答え　Ｃ**

③ 式 かよ子さん $48.6÷9=5.4$
　　おさむさん $69.6÷12=5.8$
　　$5.8-5.4=0.4$
　　答え　おさむさんの家の畑が0.4kg 多い。

考え方 **①** 人口の単位は「万人」です。185万人は、1850000人として計算しましょう。

54. 遊園地へゴー！　54ページ

① ① 式 $3600-2800=800$
　　　　　　答え　800円
② 式 $800÷4=200$ 　**答え　200円**
③ 式 $2800-200×8=1200$
　　または $3600-200×12=1200$
　　　　　　答え　1200円

② ① 式 $5×2+8=18$ 　　**答え　18個**
② 式 $720÷18=40、40×2=80$
　　答え　みかん40円、りんご80円

考え方 **②** ①りんご５個のねだんは、みかん10（＝5×2）個のねだんと同じです。

55. ⑬ 割合(2)　55ページ

① ① 式 $40÷25=1.6$ 　　**答え　1.6倍**
②1.6
③ 式 $12÷15=0.8$ 　　**答え　0.8倍**
④0.8

② ① 式 $38÷95=0.4$ 　　**答え　0.4**
② 式 $57÷38=1.5$ 　　**答え　1.5倍**

考え方 割合＝くらべる量÷もとにする量

56. ⑬ 割合(2) 56 ページ

❶ 式　32×0.8=25.6　　答え　25.6kg
❷ 式　200×1.05=210　　答え　210円
❸ 式　60×0.4=24　　　答え　24m²
❹ 式　936÷7.8=120
　　　　　　　　答え　120ページ
❺ 式　32÷0.4=80　　　答え　80本

考え方 くらべる量＝もとにする量×割合
もとにする量＝くらべる量÷割合

57. ⑬ 割合(2) 57 ページ

❶ ① 式　900÷1500=0.6
　　　　　　　　　答え　0.6倍
　② 式　0.6×100=60　　答え　60%
❷ ①40%　　②8%　　③0.35
❸ 式　1200×0.8=960　　答え　960円
❹ 式　□×0.4=12
　　　□=12÷0.4
　　　□=30　　　　答え　30m²

考え方 小数を百分率で表すには、小数に100をかけて%をつけます。百分率を小数で表すには、百分率を100でわります。

58. ⑬ 割合(2) 58 ページ

❶ ① 式　1−0.1=0.9　　答え　0.9倍
　② 式　25000×0.9=22500
　　　　　　　　答え　22500円
❷ 式　1+0.2=1.2
　　　400×1.2=480　　答え　480g
❸ 式　1−0.15=0.85
　　　3400÷0.85=4000
　　　　　　　　答え　4000円
❹ 式　1+0.18=1.18
　　　1770÷1.18=1500
　　　　　　　　答え　1500円

59. ⑬ 割合(2) 59 ページ

❶ ① 式　51÷85=0.6　　答え　0.6倍
　② 式　34÷85=0.4　　答え　0.4倍

❷ ①60%　　②70.3%　　③9%
　④84%　　⑤0.2　　　⑥0.257
　⑦0.38　　⑧1.15
❸ 式　2800÷3500=0.8
　　　0.8×100=80　　　答え　80%
❹ 式　980×0.7=686　　答え　686円

おうちのかたへ 生活の中でも割合はとても多く使われており、大切です。

60. 人文字 60 ページ

❶ ①18人　　②16人　　③22人
　④21人　　⑤24人

考え方 直線にのばして考えます。直線の長さの数に1たした数がならぶ人数です。③の場合は、つながっていたところで人が重なってしまうので、1人へらします。④や⑤のように、線が重なっているところも、1人へらします。

61. 整　数／面　積 61 ページ

⭐ 9と15の最小公倍数は45
　8時30分+45分=9時15分
　　　　　　答え　(午前)9時15分
⭐ 36と45の最大公約数は9　答え　9人
⭐ ① 式　5×6÷2=15　　答え　15cm²
　② 式　2×5÷2=5　　　答え　5cm²
　③ 式　5.6×3=16.8　　答え　16.8cm²
　④ 式　(2+5)×3÷2=10.5
　　　　　　　答え　10.5cm²
　⑤ 式　(2+4)×5÷2=15
　　　　　　　答え　15cm²
　⑥ 式　3×6÷2=9　　　答え　9cm²

考え方 ⭐ 子どもの人数は36と45の最大公約数になります。

62. 平均とその利用／単位量あたりの大きさ／分　数 62 ページ

⭐ 式　(16+21+11+8+9)÷5=13
　　　　　　　　答え　13人
⭐ 式　85×18+90×12=2610
　　　18+12=30、2610÷30=87
　　　　　　　　答え　87点

③ 式 鉄 $944÷120=7.86…→7.9$
銅 $286÷32=8.93…→8.9$
答え 銅

☆ ①1　　　　　②$\dfrac{1}{2}$

⑤ ①0.4　　②0.25　　③1.25

⑥ ①$\dfrac{3}{10}$　②$\dfrac{17}{10}$　③$\dfrac{37}{100}$　④$\dfrac{29}{1000}$

考え方 ② まず、クラスの合計点を求めます。

63. ⑭ **円と正多角形** 63ページ

① ①角　　②正方形

② ①正六角形　②正八角形　③正七角形

③ ①

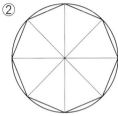

②

③

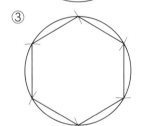

考え方 ③ ③半径2cmの円をかき、円のまわりを2cmずつに区切ります。

64. ⑭ **円と正多角形** 64ページ

① 円周率、3.14

② **式** $8×3.14=25.12$　**答え** 25.12m

③ **式** $35÷3.14=11.1…$　**答え** 約11cm

④ ①

直径(m)	1	2	3	4	5
円周(m)	3.14	6.28	9.42	12.56	15.7

②2倍　　　　③5倍

考え方 ③ 直径＝円周÷3.14

65. ⑮ **割合のグラフ** 65ページ

① ①45%　②29%　③16%　④10%

② ① **式** $45÷15=3$　　**答え** 3倍
② **式** $15÷100=0.15$
$120×0.15=18$　**答え** 18個

考え方 ① 目もりを数えると、みらいさんは45で、かずきさんは10です。

66. ⑮ **割合のグラフ** 66ページ

① ①㋐ **式** $18÷45×100=40$ **答え** 40%
㋑ **式** $12÷45×100=26.6…$
答え 27%
㋒ **式** $9÷45×100=20$　**答え** 20%
㋓ **式** $6÷45×100=13.3…$
答え 13%

②

1週間にけがをした人数の割合

| すりきず | きりきず | ねんざ | その他 |

0　10　20　30　40　50　60　70　80　90　100%

② ① **答え** 正しい
わけ どちらも6%で同じであるから。
② **答え** この資料からはわからない
わけ 4年生、5年生それぞれの合計人数がわからないから。

67. ⑯ **角柱と円柱** 67ページ

① ①角柱　　　　　　②円柱

② ①底面、側面　　②多角形
③曲面　　　　　④高さ

③ ①6個　　②15本　　③18本

考え方 ③ ①2つの底面に3個ずつあります。

68. ⑯ **角柱と円柱** 68ページ

① ①　　　②
③　　　④

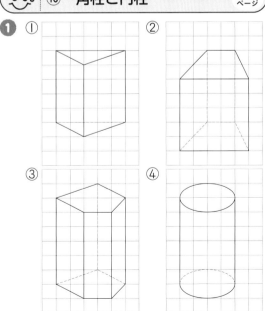

⑤

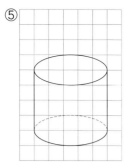

考え方 ❶ 側面をかくとき、たての線は同じ長さにします。

69。⑯ 角柱と円柱　69ページ

❶ ①

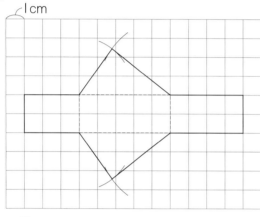

② 1cm

❷ ① 三角柱　　② 四角柱

考え方 ❶ ②側面は、横の長さが円柱の底面の円周の長さに等しい長方形になります。
❷ ①底面は三角形になります。
②底面は四角形になります。

70。⑰ 速　さ　70ページ

❶ ① 式　60÷8=7.5　　答え　7.5m
② 式　40÷5=8　　答え　8m
③さちえさん
❷ 式　A　255÷3=85
　　　B　264÷4=66
　　　　　　　　答え　Aの自動車
❸ ① 式　180÷4=45　答え　時速45km
② 式　3600÷15=240
　　　　　　　答え　分速240m
③ 式　756÷42=18　答え　秒速18m

考え方 ❷ Aの自動車は1時間に85km、Bの自動車は1時間に66km進みます。1時間に進む道のりが大きいほうが速いといえます。

71。⑰ 速　さ　71ページ

❶ 式　208×12=2496
　　　　　　　答え　2496m
❷ 式　2時間30分=2.5時間
　　　80×2.5=200　　答え　200km
❸ ① 式　4.5×3=13.5
　　　　　　　答え　13.5km
② 式　25×40=1000
　　　　　　答え　1000m（1km）
③ 式　800×25=20000
　　　　　　答え　20000m（20km）

考え方 ❷ 速さの問題には、いろいろな単位が出てくるので、計算するときや答えるときに注意しましょう。

72。⑰ 速　さ　72ページ

❶ 式　180÷60=3　　答え　3時間
❷ 式　4800÷60=80　　答え　80秒
❸ ① 式　1.5km=1500m
　　　1500÷30=50　　答え　50秒
② 式　8km=8000m
　　　8000÷50=160　　答え　160分
③ 式　5200m=5.2km
　　　5.2÷2.6=2　　答え　2時間

73. ⑰ 速さ 〔73ページ〕

1 ① 式 1時間＝3600秒
　　　　　18km＝18000m
　　　　　18000÷3600＝5

　　　　　　　　　　答え　秒速5m

　　② 式 4×3600＝14400
　　　　　14400m＝14.4km

　　　　　　　　　　答え　時速14.4km

　　③ 自転車

2 ① 式 72÷60＝1.2

　　　　　　　　　　答え　分速1.2km

　　② 電車

　　③ 式 1.5×60＝90、90×2＝180
　　　　　180÷72＝2.5

　　　　　　　　　　答え　2.5時間

考え方 速さの単位がちがっていると、速さをくらべることができません。どちらか一方の速さの単位にそろえてくらべましょう。
2 ③ 分速1.5kmで2時間進む道のりは、1.5×60×2＝180（km）
180kmの道のりを時速72kmで進むときにかかる時間を求めます。

74. ⑱ 変わり方 〔74ページ〕

1 ①○＋⑤＝△

　②

○(オ)	1	2	3	4	5
△(オ)	6	7	8	9	10

　③1ずつ増える。

2 ①○×3＝△

　②

○(cm)	1	2	3	4	5
△(cm)	3	6	9	12	15

　③比例

考え方 **2** ① 正三角形のまわりの長さは、1辺の長さの3倍です。

75. ⑱ 変わり方 〔75ページ〕

1 ①120×○、30

　②

○(個)	1	2	3	4	5
△(円)	150	270	390	510	630

　③120

---

2 ①90×○＋180＝△

　②

○(本)	1	2	3	4	5
△(円)	270	360	450	540	630

　③いない

考え方 **2** ③○が2倍になっても、△は2倍にならないので、比例していません。

76. いつ会える？ 〔76ページ〕

1 ①

歩いた時間 (分)	0	1	2	3	4
ひなさんの歩いた道のり (m)	0	60	120	180	240
お姉さんの歩いた道のり (m)	0	40	80	120	160
2人あわせた道のり (m)	0	100	200	300	400

　　　　　　　　　　答え　4分後

　② 式 2000÷100＝20

　　　　　　　　　　答え　20分後

2 ①

お母さんが走った時間(分)	0	1	2	3	4
けいたさんの進んだ道のり (m)	720	780	840	900	960
お母さんの進んだ道のり (m)	0	240	480	720	960
2人の間の道のり (m)	720	540	360	180	0

　　　　　　　　　　答え　4分後

　② 式 60×30＝1800
　　　　　1800÷(240−60)＝10

　　　　　　　　　　答え　10分後

考え方 **1** ②1分間にひなさんは60m、お姉さんは40m歩くから、2人あわせて1分間に、60＋40＝100（m）近づきます。したがって、1分後の2人の間のきょりは、2000（m）−100（m）となります。
2分後の2人の間のきょりは、2000（m）−100（m）×2（分）となります。
2人が出会うのは、2人の間のきょりが0になるときなので、2000−100×□＝0となります。つまり、100×□＝2000になる□を求めればいいのです。
2 ②1分間に2人の間のきょりは、240−60＝180（m）ずつちぢまっていきます。お母さんが家を出たときの2人の間のきょりは、30分間にけいたさんが進んだ道のりなので、1800mです。このきょりを1分間にちぢまるきょりでわります。

77. わくわくプログラミング 77 ページ

1️⃣ 5、72

2️⃣ 4、90、3、90

3️⃣ 1辺が3cmの正六角形

考え方 2️⃣ たて3cm、横4cmの長方形なので、4cm進んで左に90°回り、3cm進んで左に90°回ります。
3️⃣ 進む長さと回る角度に注意して、ロボットの動きをイメージしましょう。

78. 体積／分数／平均とその利用 単位量あたりの大きさ 78 ページ

⭐1️⃣ ① 式 $18 \times 9 \times 4 = 648$
$18 \times 21 \times (11-4) = 2646$
$648 + 2646 = 3294$
答え 3294cm^3

② 式 $5 + 5 + 4 = 14$
$10 \times 14 \times 6 = 840$
$10 \times 5 \times 3 = 150$
$840 - 150 = 690$
答え 690cm^3

⭐2️⃣ ① $\dfrac{3}{8}$　② $\dfrac{11}{24}$　③ $\dfrac{9}{4}\left(2\dfrac{1}{4}\right)$
④ $\dfrac{1}{28}$　⑤ $\dfrac{1}{4}$　⑥ $\dfrac{169}{48}\left(3\dfrac{25}{48}\right)$

⭐3️⃣ 式 $9.5 \times 18 + 10.0 \times 12 = 291$
$18 + 12 = 30、291 \div 30 = 9.7$
答え 9.7秒

⭐4️⃣ 式 A市 $320000 \div 325 = 984.6\cdots$
B市 $230000 \div 210 = 1095.2\cdots$
答え A市 約985人、B市 約1095人

おうちのかたへ 2️⃣ 帯分数の計算は、帯分数のままで計算するほうが、計算が簡単です。

79. 割合／割合のグラフ 79 ページ

⭐1️⃣ ① 式 $900 \div 1800 = 0.5$
答え 0.5倍

② 式 $900 \div 2.5 = 360$
答え 360円

⭐2️⃣ 式 $800 \times 0.7 = 560$
答え 560円

⭐3️⃣ 式 $180 \div 150 = 1.2$
$1.2 \times 100 = 120$　答え 120%

⭐4️⃣ ① ショートケーキ31　チーズケーキ26
モンブラン17　その他26

② 売れたケーキの個数の割合

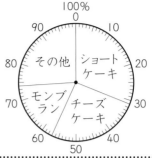

おうちのかたへ 1️⃣ 割合、くらべる量、もとにする量の関係を理解しましょう。
4️⃣ 合計が100%にならないときは、いちばん大きい部分か「その他」の割合を変えて100%になるようにすることも覚えておきましょう。

80. 円と正多角形／角柱と円柱／速さ 80 ページ

⭐1️⃣ ① 式 $7 \times 3.14 = 21.98$
答え 21.98cm

② 式 $94.2 \div 3.14 = 30$
答え 30cm

⭐2️⃣ ① 四角柱　② 七角柱

⭐3️⃣ （例）

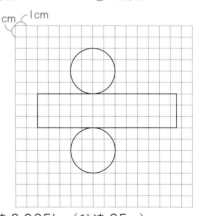

⭐4️⃣ ① 秒速0.035km（秒速35m）
② 3.5km　③ 4分

おうちのかたへ 1️⃣ 小数の計算を間違えずにできるようになりましょう。
4️⃣ ② 時速を分速に直して計算します。
③ 1.8kmを1800mとして計算します。

啓林館版・小学算数5年